DVD付 現役教官

普通免許合格テクニック

成美堂出版

普通自動車免許を取得しよう

教習所で学ぶことのポイント

第1段階　基本操作および基本走行

第1段階では、教習所内のコースで運転の基本的な技術を学ぶ。

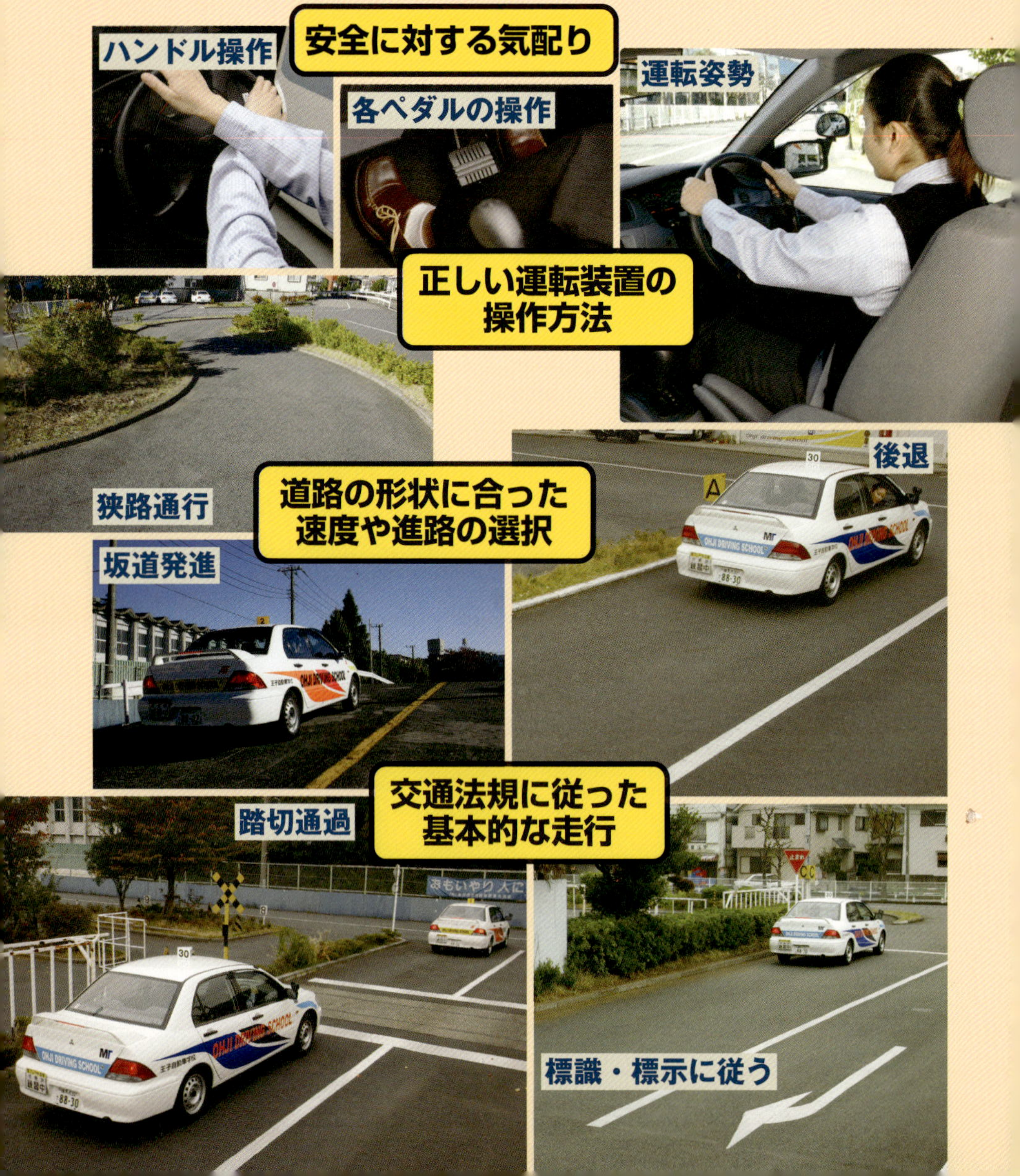

交差点の通行

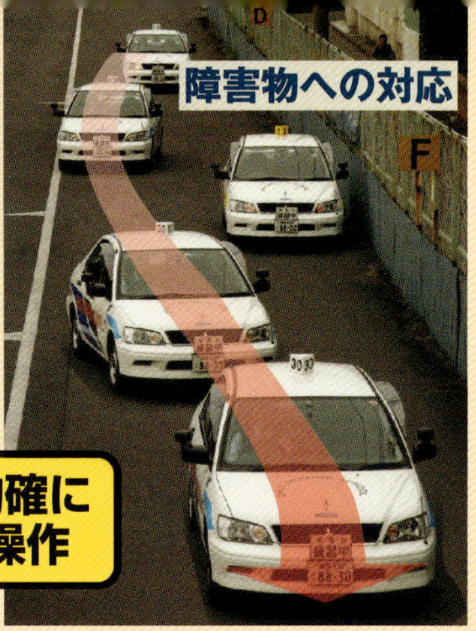
障害物への対応

道路や交通の状況を的確に判断した適切な運転操作

第2段階　応用走行

第2段階では、実際の道路上での運転の基本のほか、縦列駐車、方向変換などの運転技術、高速道路での安全な走行などを学ぶ。

他の交通への気配り

信号の読みとり

危険予測

交通法規に従った走行

道路および交通の状況についての情報の読みとり

方向変換

縦列駐車

高速道路の特性の理解と高速道路での安全運転

高速教習

自主的な経路の設定と自主的な運転

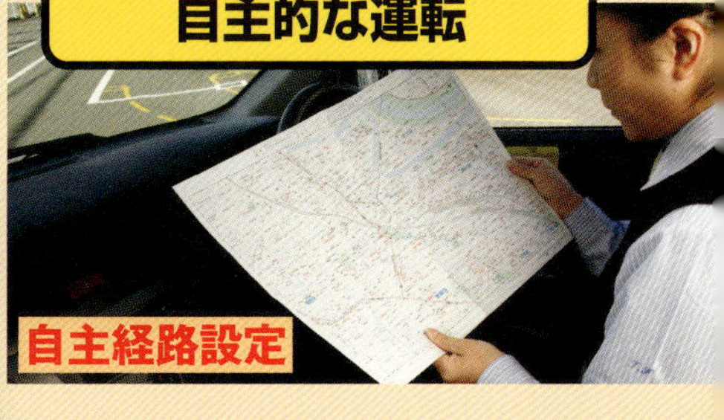
自主経路設定

DVD付 現役教官が教える 普通免許合格テクニック

CONTENTS

OHJI DRIVING SCHOOL

OHJI DRIVING SCHOOL
88-02
AT

第2段階　応用走行　113

CONTENTS

DVDの使い方

DVDでは本書で解説している項目のうち、とくに動画を見ることで、より理解が深まる項目をピックアップして紹介!

トップメニュー

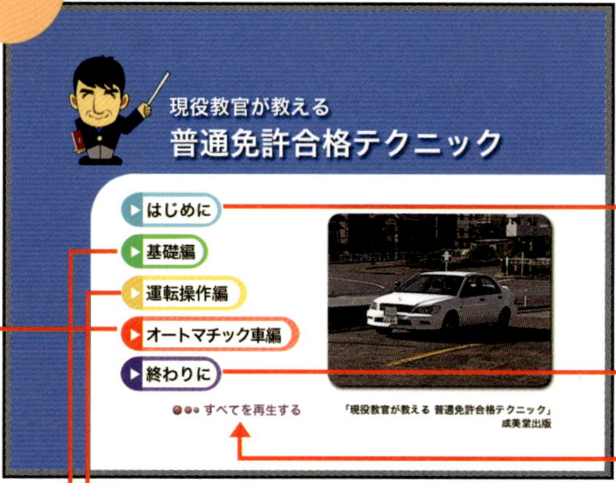

「はじめに」と「終わりに」
DVDで合格するための運転テクニックを伝授してくれる石川教習指導員からの挨拶。

DVDに収録されているすべての項目を連続して再生する場合はココを選択する。

トップメニューから見たい項目のタイトルを選択すると、それぞれのサブメニューにスキップする。

サブメニュー

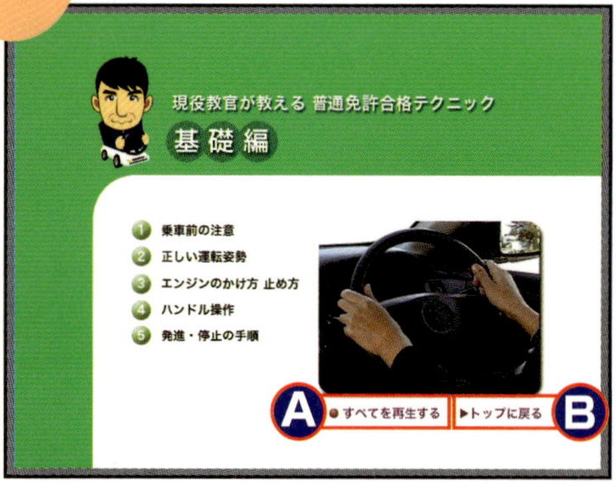

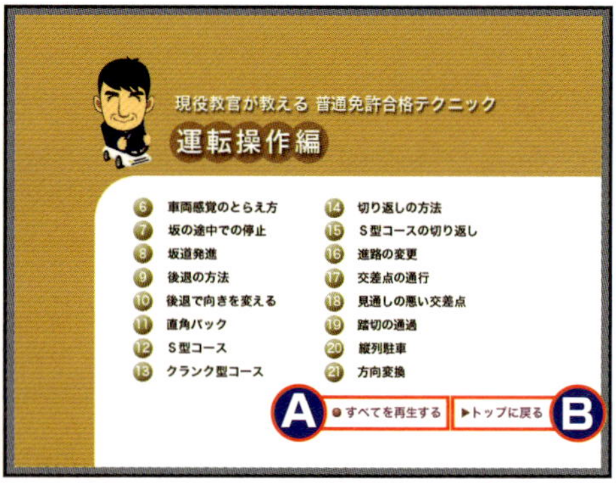

A サブメニュー内のすべての項目を再生する場合はココを選択する。

B トップメニューに戻る場合は、ココを選択する。

第1段階

基本操作および基本走行

第1段階では、自動車教習所内で運転の基本を学ぶ。「安全に対する気配り」「運転装置の正しい操作」「自車の走行位置の把握」「道路形態に合わせた速度と進路の選択」「道路や交通の状況を正しく認知、判断した円滑な運転操作」「他の交通への気配り」「法規に従った走行」などが課題となる。

MT AT

教習項目 1

車の乗り降りと運転姿勢

●安全を意識した車の乗り降りと正しい運転姿勢をとることはドライバーの基本。
●車の乗り方、車の降り方にも手順がある。当然のことながら、試験のときに安全確認を怠ると減点対象になる。
●安全に運転できる自分のポジションを覚えておくことが大切。

1 車の乗り方、降り方

●車の乗り方

1 車のまわりの安全を確かめる

子供や障害物がないか、車の前後や下なども確認しよう。

2 ドアを開ける

後方からの接近する車などに注意して開ける。

3 車に乗り込む

ドアを開けたら、左足、お尻の順にできるだけ素早く乗り込む。

4 直前でいったん止めてから ドアを静かに閉める

シートベルトなどがはみ出していないかなど、ドアは安全上の問題から直前でいったん止めてから閉めること。

5 半ドアでないか確かめて ドアロックをする

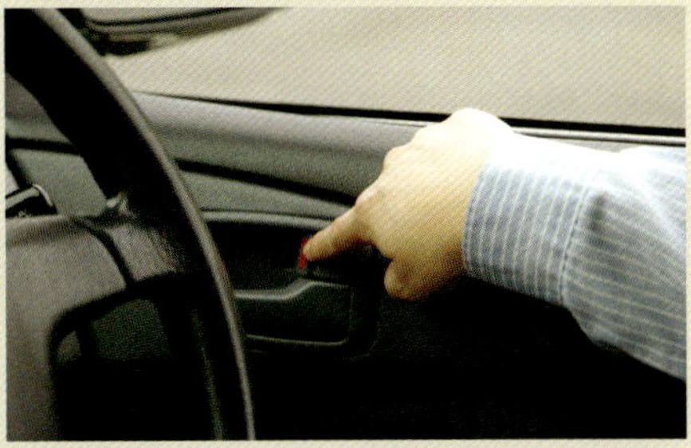

半ドアでないかをきちんと確かめてから、ドアロックをかけること。

6 シートベルトを締める

車を発進させる前には、必ずシートベルトを締める。

●車の降り方

1 車のまわりの安全を確かめる

後続車や歩行者の有無を目視して十分に確認しよう。

2 ドアを開ける

ドアはいきなり全開せずに、後続車に注意を促すため、まずは少しだけ開ける。

3 車から降りる

ドアを開けたら素早く降りる。

4 直前でいったん止めてから ドアを静かに閉める

同乗者が手を挟んだり、荷物などを挟んだりしないかを確認するため、直前でいったん止めてから、静かに閉める。

5 半ドアでないか確かめる

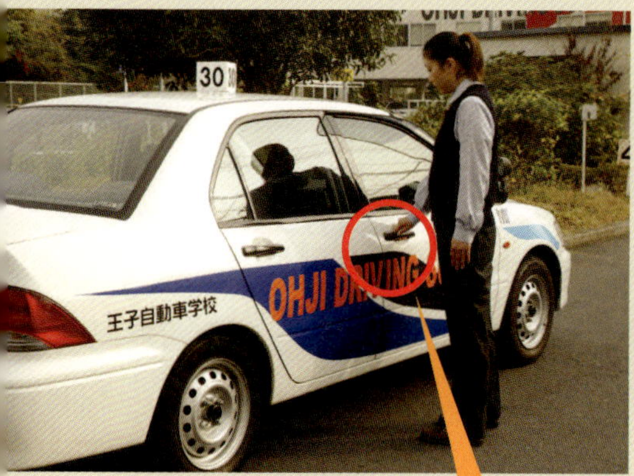

約10ｃｍくらい手前から、少し勢いをつけてドアを確実に閉めれば半ドアにならない。

ガタガタしていたら半ドアの証拠。もう一度きちんと閉め直そう。

6 ドアキーでロックする

車から離れるときは、必ずドアをロックしておこう。

2 正しい運転姿勢 chapter 2

●チルトハンドル

運転者の体形に合わせて高さを調節し、スムーズにハンドル操作ができる位置にする。

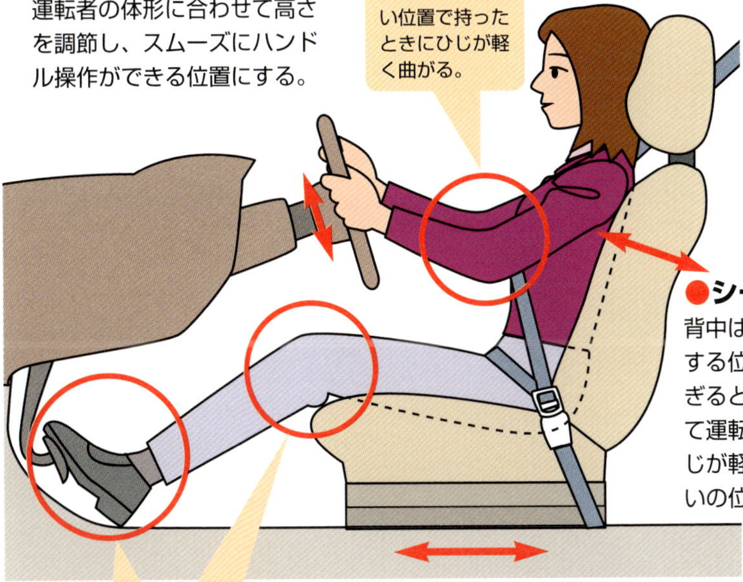

ハンドルを正しい位置で持ったときにひじが軽く曲がる。
左足でクラッチペダルをいっぱいに踏んだときにひざが軽く曲がる。

●シートの角度

背中はシートに密着する位置に。倒しすぎると腕が伸びきって運転しにくい。ひじが軽く曲がるくらいの位置にする。

●シートの前後位置

クラッチペダルをいっぱいに踏んだときに、ひざが軽く曲がるくらいの位置にする。

よい運転姿勢

ひじを軽く曲げ、首をまっすぐにする。肩に力を入れずに軽やかにハンドル操作をする。

悪い運転姿勢

前のめりになると、ハンドルにもたれかかるようになって、スムーズなハンドル操作ができない。

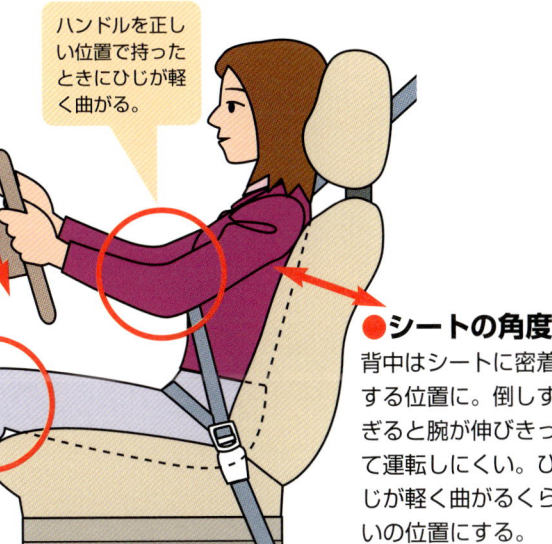

3 ミラーの合わせ方 chapter 2

後方の安全確認のためにミラーを調整する。ミラーの調整は自動車に乗り込んで、正しい運転姿勢をとった状態で行う。

●ルームミラーの合わせ方

1 顔を正面に向けたまま、左手で調整する

ルームミラーは左手だけで操作する。正しい運転姿勢のまま、顔を動かさず、目だけで見たときに正しく後方が映るように調整する。鏡面に指紋などがつかないようにしよう。

2 リアウインドウの中心をミラーの中心に映す

後方全体が見えるように合わせる。上下の角度については、後続車の様子がわかるように調整する。

●ドアミラーの合わせ方

1 ドアミラーの調整ボタンを操作して合わせる

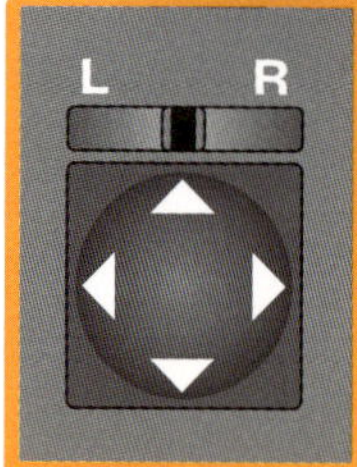
L
R

右サイドミラーは、上のレバーを「R」の位置にして(左は「L」)から、下の十字ボタンで調整する。

ドアミラー調整のボタンを操作して、左右のドアミラーを調整する。このときも、正しい運転姿勢のまま、目だけ動かして見ることが大切になる。

2 ドアミラーは左右の後続車の様子がわかるように調整する

右
ミラーの下半分に路面が映り込むようにする。
ミラーの約3分の1に自車のボディが映り込むようにする。

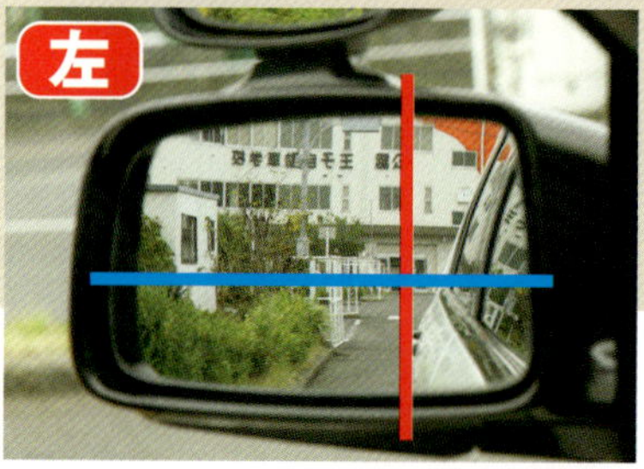
左

左のドアミラーも同じように調整する。

4 シートベルトのつけ方、外し方

●つけ方

1 プレート部分を持って引き出す

ベルトのねじれがないか確認して、やや長めに引き出す。

2 プレートをバックルに差し込む

プレートはカチッと音がするまで差し込む。衣服などを挟み込まないようにする。

3 ベルトにねじれがないか確認し、正しい位置に装着する

ベルトはねじれがないようにする。右肩から左腰にかかり、下部分は腰骨にかかるようにする。

●外し方

1 外すときは、バックルボタンを押す

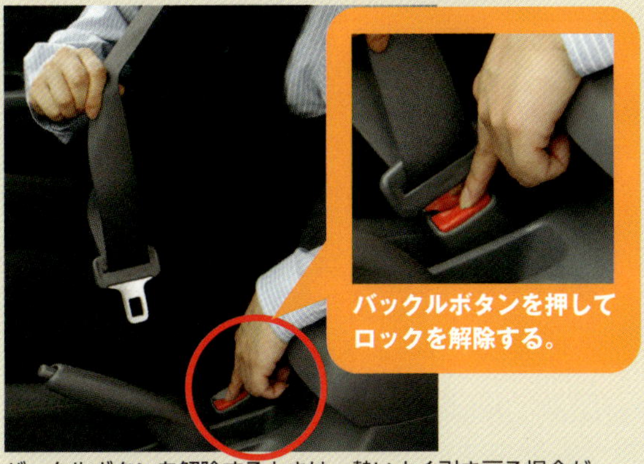
バックルボタンを押してロックを解除する。

バックルボタンを解除するときは、勢いよく引き戻る場合があるので、右手でベルトをつかんでおけば安全だ。

2 手を添えてそのまま戻す

ベルトが勢いよく戻るとプレート部分でガラスなどを傷つけることもあるので、手を添えてゆっくりと戻す。

MT AT

教習項目 2

自動車の機構と運転装置の取り扱い

●自動車の運転をするには、自動車の運転装置の機能と走行の原理を理解しておく必要がある。

●運転免許を取得してからも正しい知識と取り扱いができなければ、安全な走行はできないし、自動車の故障や事故の原因にもなりかねない。

1 エンジンルーム

自動車のエンジンには大きく分けて、ガソリンエンジンとディーゼルエンジンとがあるが、最近ではガソリンエンジンと電気モーターの2つの動力源を持ったハイブリッドカーなども増えてきている（写真はガソリンエンジン車）。

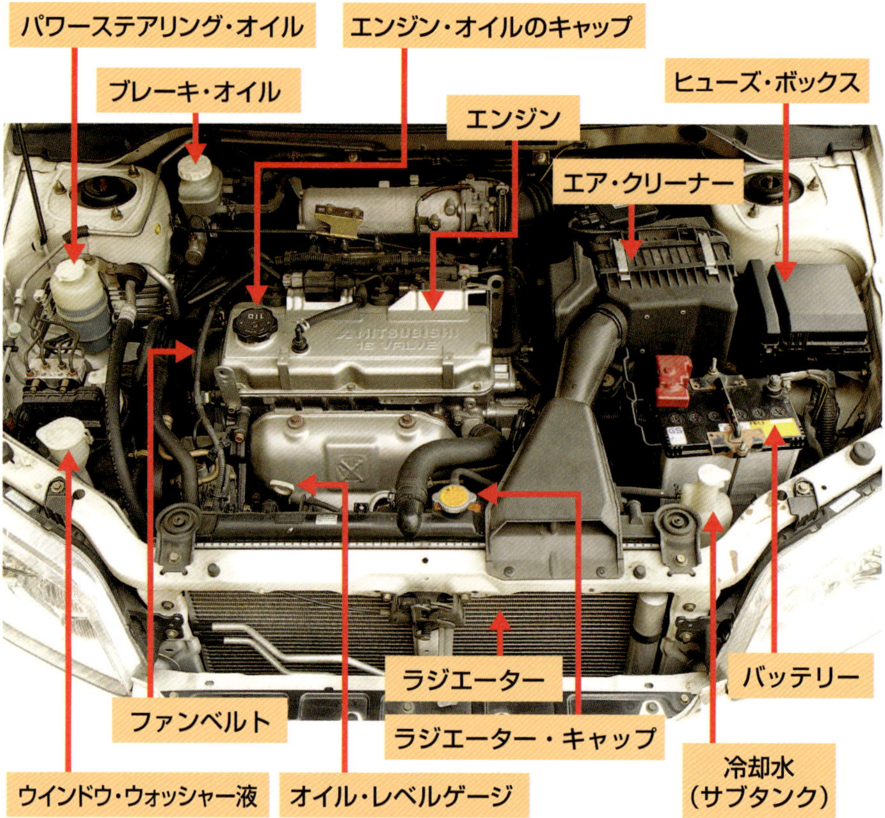
パワーステアリング・オイル
エンジン・オイルのキャップ
ブレーキ・オイル
エンジン
ヒューズ・ボックス
エア・クリーナー
MITSUBISHI
16 VALVE
OIL
ラジエーター
バッテリー
ファンベルト
ラジエーター・キャップ
冷却水
（サブタンク）
ウインドウ・ウォッシャー液
オイル・レベルゲージ

2 動力伝達装置の仕組みと働き

エンジンの動力をクラッチをつなぐことによって、トランスミッション、プロペラシャフト、そして駆動輪へと伝える（MT車のFRの場合）。

●動力伝達装置　FR（フロントエンジン・リアドライブ）

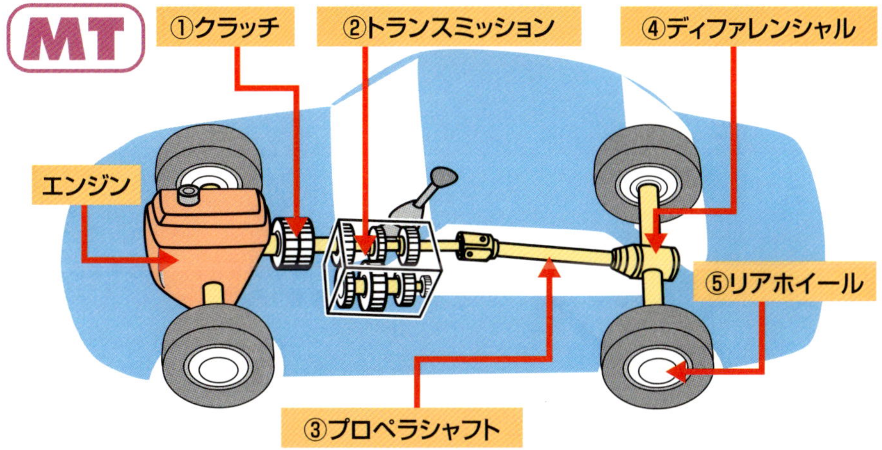

FR車の場合①→②→③→④→⑤の経路をたどって、エンジンで発生した動力を後輪に伝える。

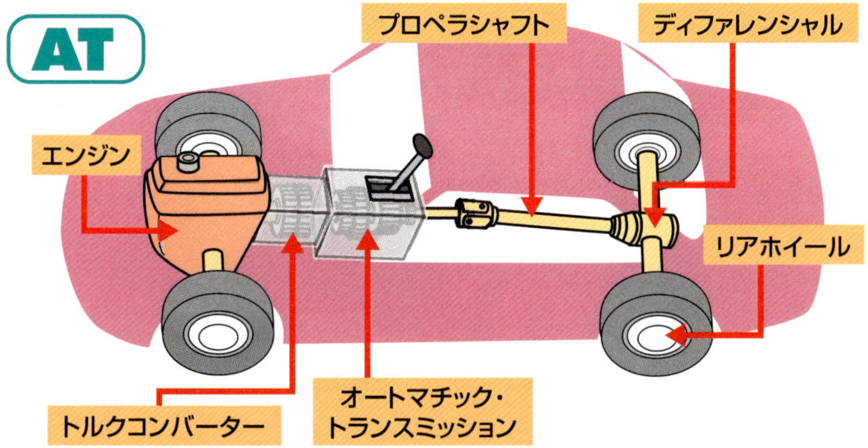

トルクコンバーターは、オイルで満たされたケースの中に2つの羽根があり、オイルの流れでエンジンの動力をトランスミッションに伝える。オートマチック・トランスミッションは、走行条件に合わせて自動的にギアチェンジを行う。

●クラッチ

クラッチペダルを踏み込んだ状態では、クラッチ板が接触せず、動力が伝わらない。踏まない状態にすると、クラッチ板が接触し、動力が伝わる。クラッチペダルを踏み込むことを「クラッチを切る」ともいう。

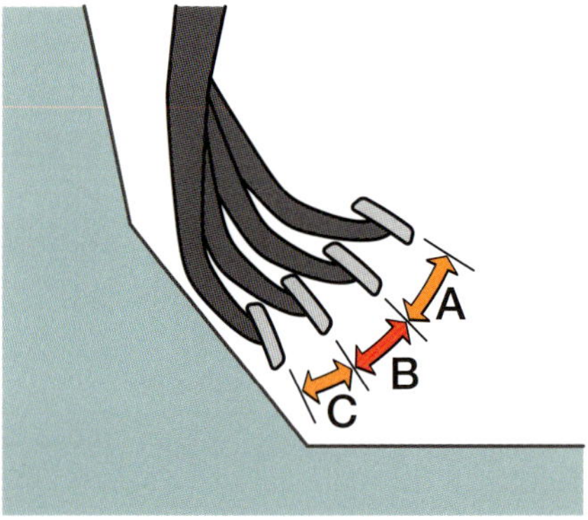

A　動力が伝わる。

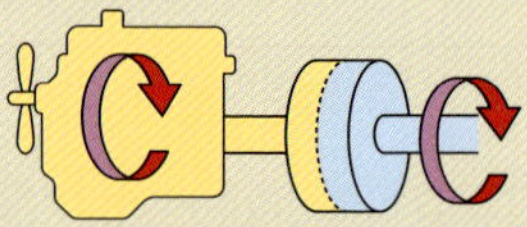

B　動力が少し伝わる。半クラッチという状態。

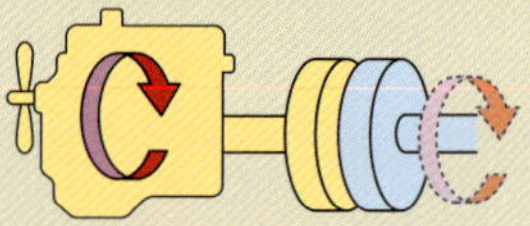

C　動力は伝わらない。いわゆるクラッチを切った状態。

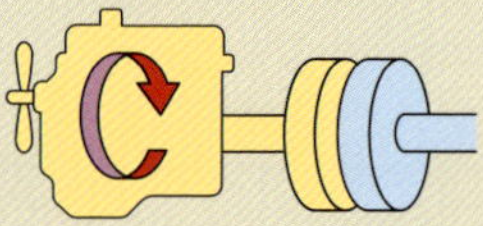

●トランスミッション（変速機）

MT車の場合、通常1速から5速と後退用のバックギアがある。力のあるギアや速度の出るギアを走行状態によって選ぶ。AT車ではDレンジにすると、速度や状況に応じて自動的にギアの組み合わせが行われる。

MT

MT車は状況に応じて自分でギアを選ばなければならない。

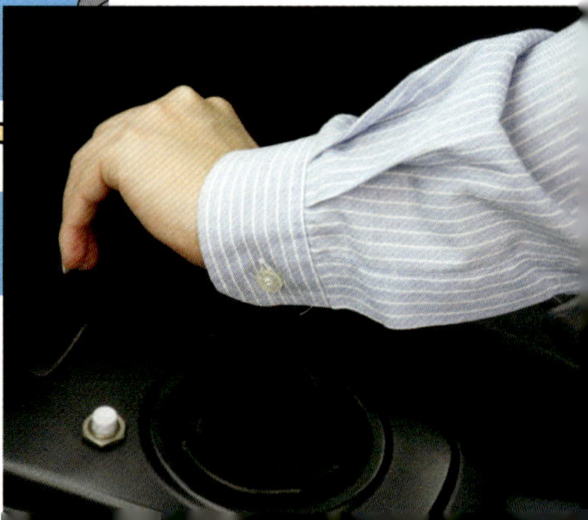

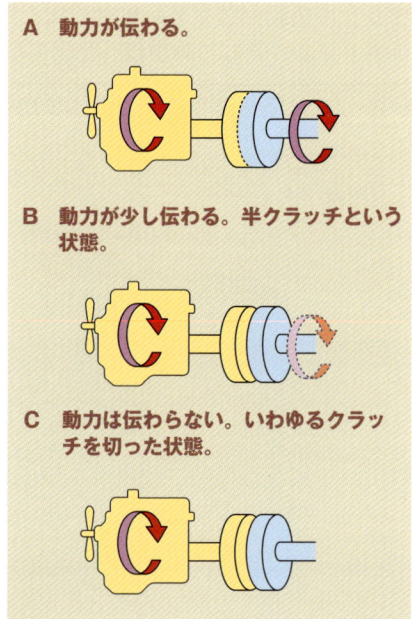

●ハンドル

ハンドルを回すことによって、前輪の向きを変えて車の進行方向を変える。

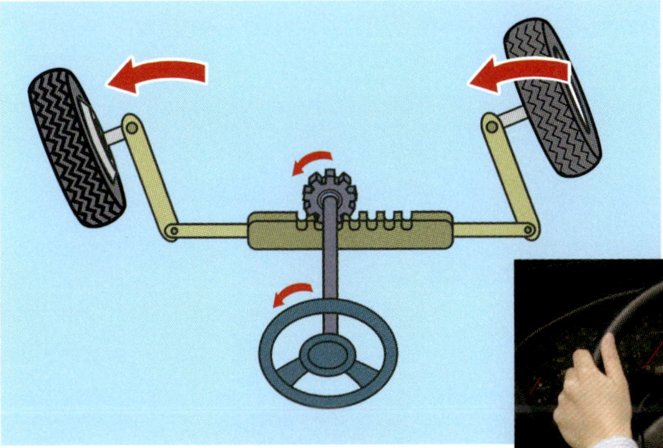

イラストのような機構により、ハンドルを回すことで前輪タイヤの角度が変わり、左右へ曲がることができる。

ハンドルを持つ位置は、時計にたとえると9時15分から10時10分の間を持つ。

●ブレーキ

ブレーキペダルを踏んで、速度を遅くしたり、車を止めたりする。また、ハンドブレーキは駐車や坂道発進（72ページ参照）するときなどに使う。

A：あそび
B：踏み込み
C：すき間

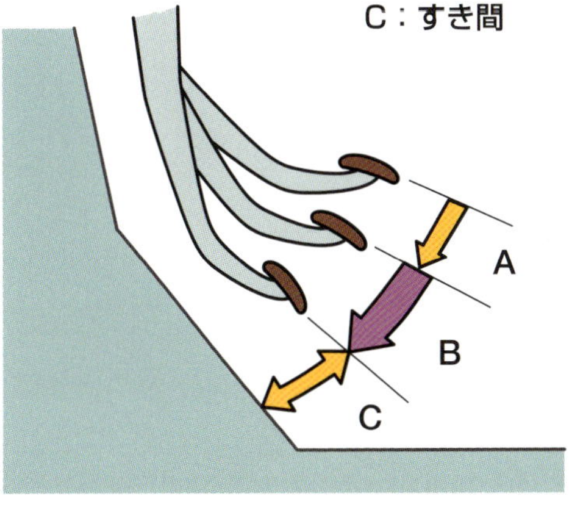

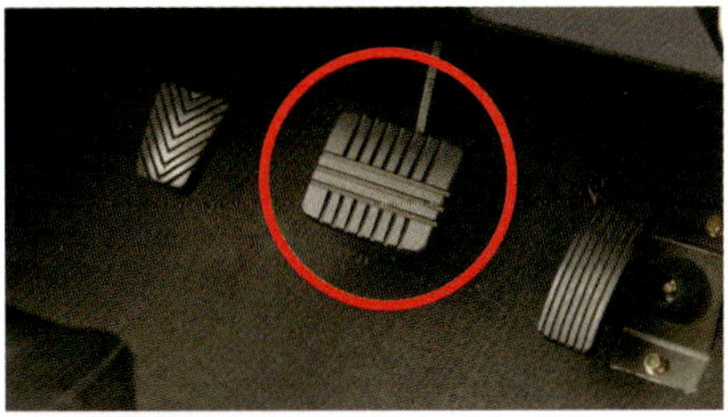

ブレーキペダル

ハンドブレーキ

●タイヤ

■タイヤの種類

一般のタイヤ

冬道用タイヤ

応急用タイヤ

■スリップサイン

タイヤが磨耗してくると、スリップサインが見えてくる。この状態になったら新しいタイヤと交換する時期だと覚えておこう。

■タイヤの空気圧

タイヤの種類によって空気圧は決められている。適正な空気圧でないと、ハンドルが重い、燃費が悪くなる、スリップしやすくなるなど、安全性が損なわれ、走行に支障をきたす。

適正　　高すぎ　　低すぎ

3 運転装置の名称

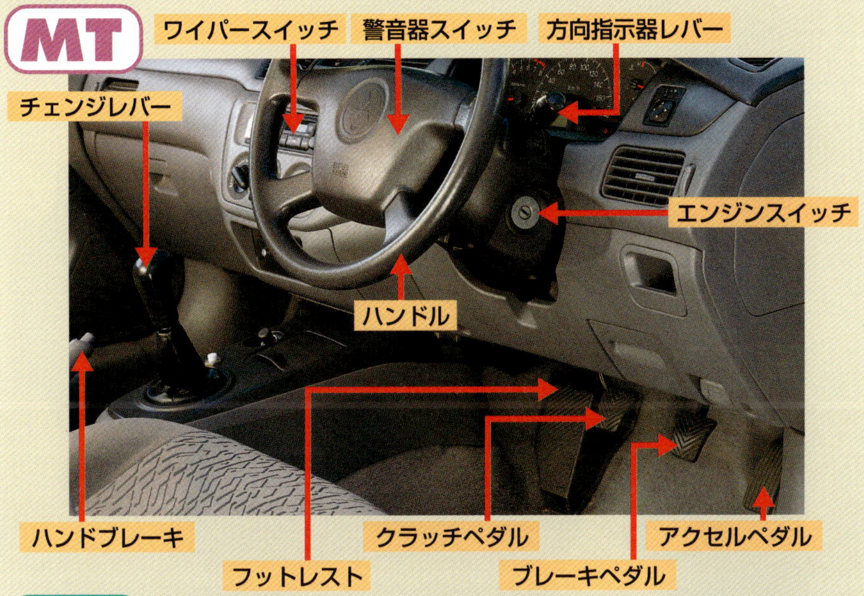

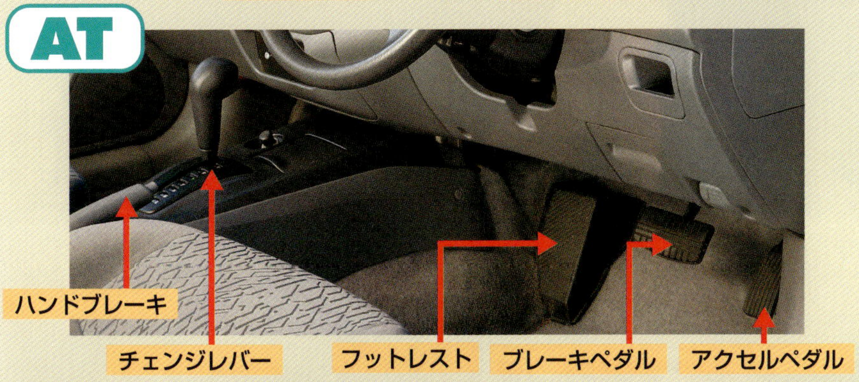

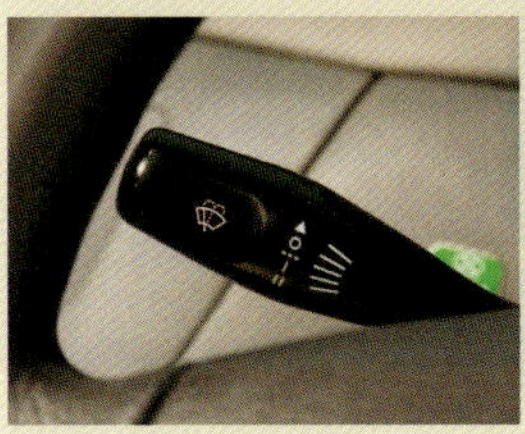
ワイパースイッチ
※ハンドル左脇にある

方向指示器レバー（ライトスイッチ）
※ハンドル右脇にある

運転装置の名称は、MT車もAT車も同じ。決定的な違いは、クラッチペダルの有無だ。

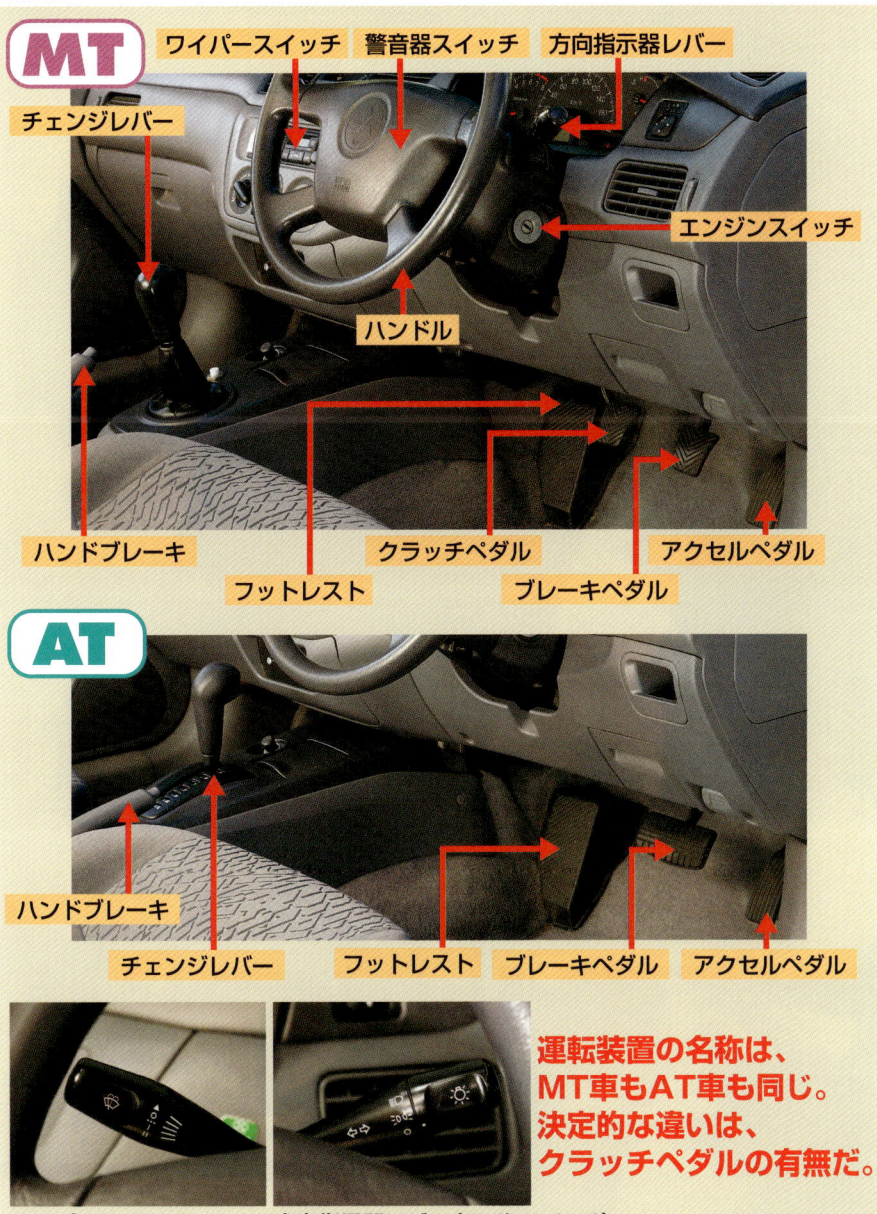

4 ハンドルの回し方

chapter 4

車の進行方向を決めるハンドル操作は、とても重要となる。正しい操作方法をきちんと身につけるようにしよう。ここでは、右へ回す場合を紹介するが、左に回す場合は、すべて逆の手順になる。また、ハンドルを回すことを「ハンドルを切る」とも表現する。

●ハンドルの持ち方

親指をハンドルの内側に入れないように持つ。

自分の体格に合わせて9時15分から10時10分の間を持つ。手は軽く握る、親指は軽く添えるくらい。

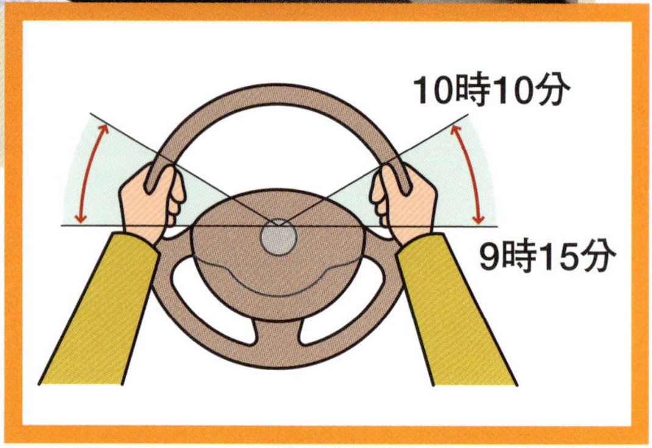
10時10分
9時15分

ハンドル操作は、正しい運転姿勢で行うことが基本となる。

●右へ回す場合

1 右手を下に引くように回し始める

回し始めは、両手を10時10分のポジションから、両手で回していく。

2 右手を離す

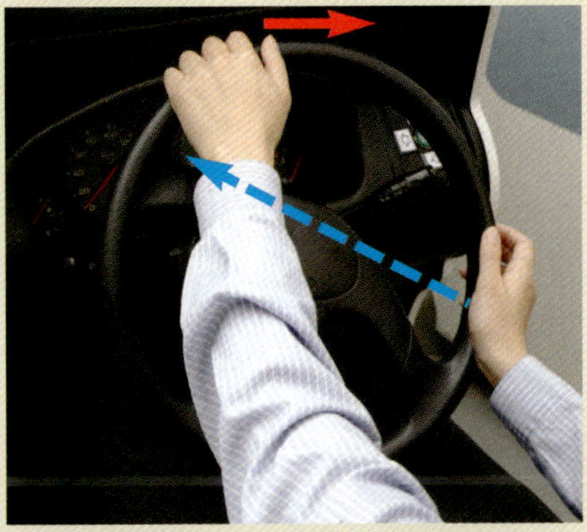

右手が下に来たら、右手を離す。右手を離したら左手主導で回す。

3 右手を左上部に持ち替える

左手で回しながら、右手を上に交差させて右手で引くように回す。

4 右手を回しつつ、左手を離す

このときは右手のほうに力を入れて回していく。

悪い例

逆手ハンドル（内掛け）はNG！

5 左手を持ち替える

左手を離して持ち替える。右手は引くように回す。

5 各ペダルの踏み方、戻し方

●アクセルペダルの踏み方

●踏み方

右足のかかとを床につけて、足首と指先で操作すると楽だ。かかとを支点にするとスムーズな操作ができる。

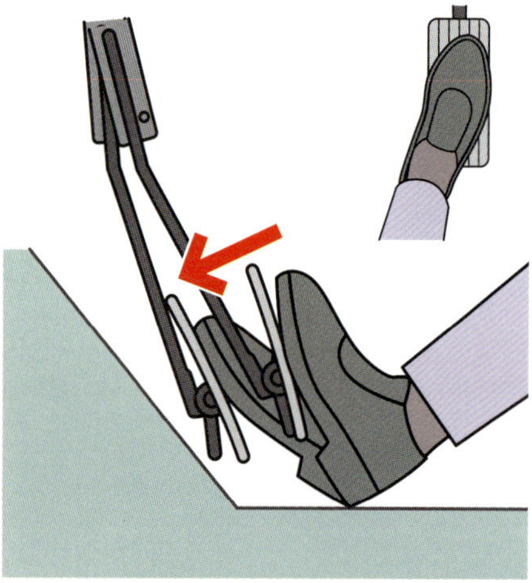

●戻し方

減速するときなどは足首を軽く動かして、調節する。ブレーキペダルに踏み替える場合は床からかかとを離す。

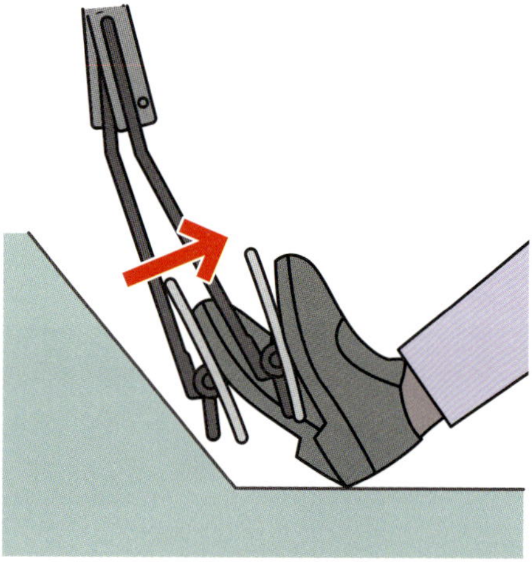

■アクセルペダルの踏み込み具合とエンジン音を覚えよう

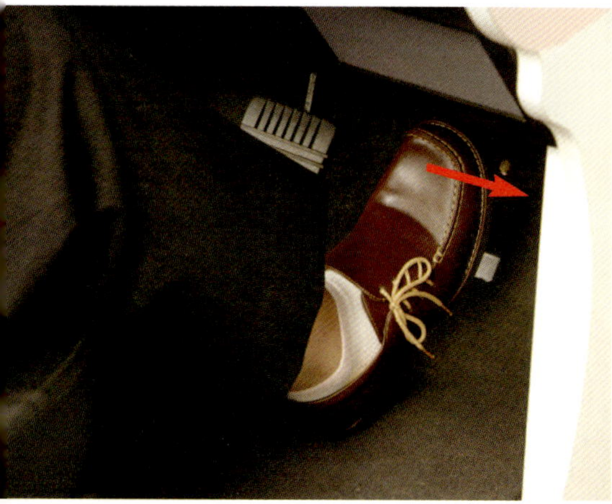

アクセルペダルを踏み込むと、エンジンに燃料が多く送られ、エンジンの回転数が上がる。アクセルペダルの踏み込み具合でエンジン音がどう変わるかを、足先の感覚と耳で覚えておこう。

●ブレーキペダルの踏み方

よい例 右足の指の付け根付近でペダル中央部を踏むようにする。かかとは床につけない。急に強く踏み込むと急ブレーキとなり、ガクンと停止する。高速走行中はタイヤがロックするなどして危険だ。

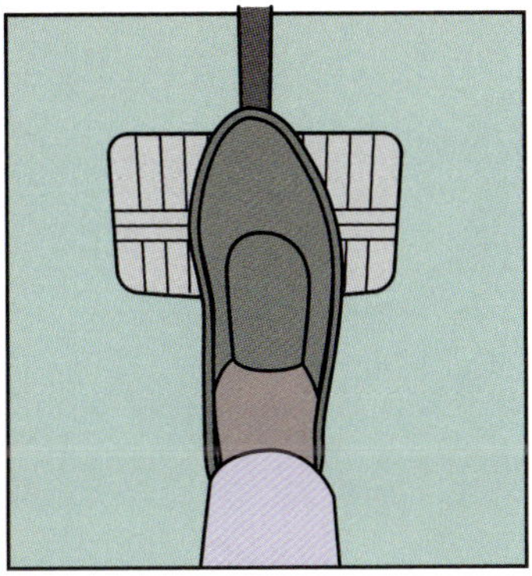

右足の指の付け根あたりでペダルの中央を踏む。

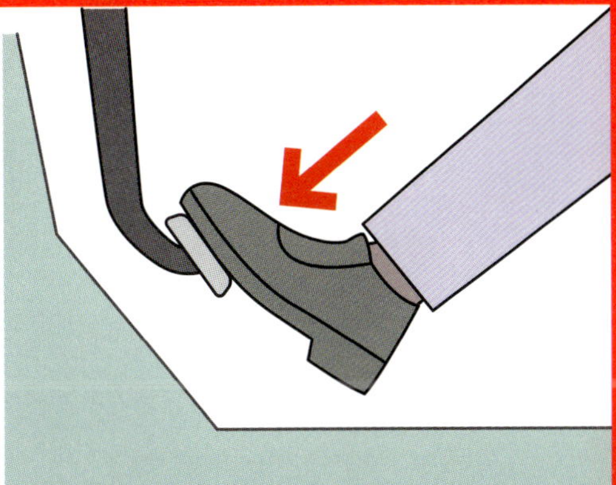

ひざが伸びきってしまわないように、座席位置の調整はきちんと行うこと。

悪い例

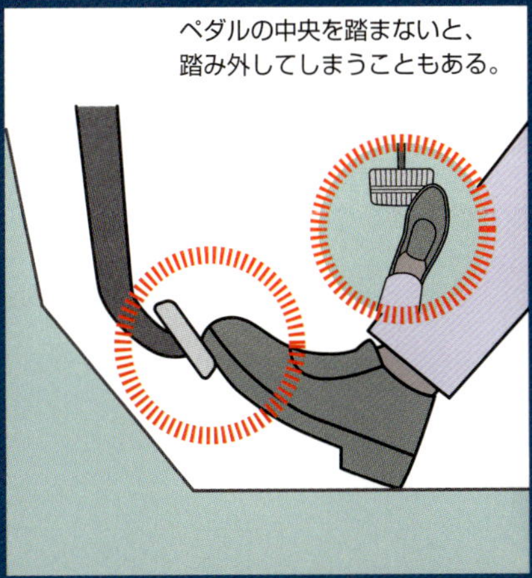

つま先部分で踏むと力が入りにくく、踏み外しやすい。また、かかとをつけたままだと十分に踏み込むことができない。

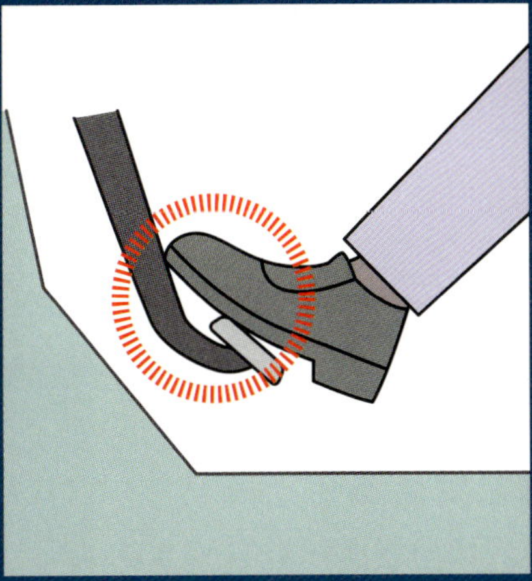

土踏まず部分で踏むと微調整ができない。座席位置によっては、きちんと踏むことができない場合もある。滑りやすい靴底の場合はさらに危険！

●クラッチペダルの踏み方、戻し方、働き

●踏み方

左足の指の付け根あたりで踏む。足首を固定し、ひざの屈伸を使って操作する。クラッチを切るときは床まで一気に踏み込む。

●戻し方

戻すときはゆっくりと。とくに発進や後退のときには、半分くらい戻す「半クラッチ」の感覚を身につけること。

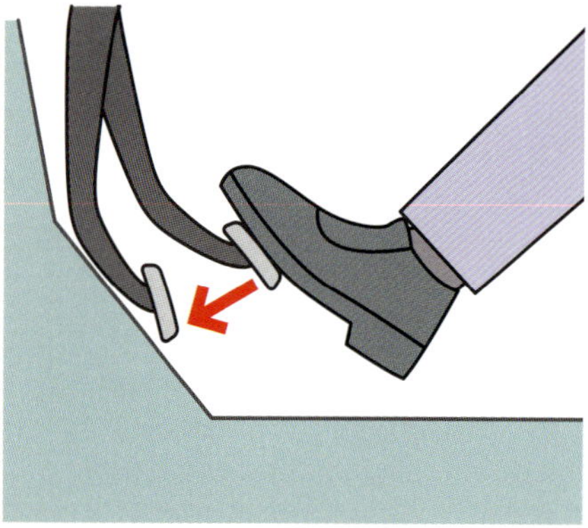

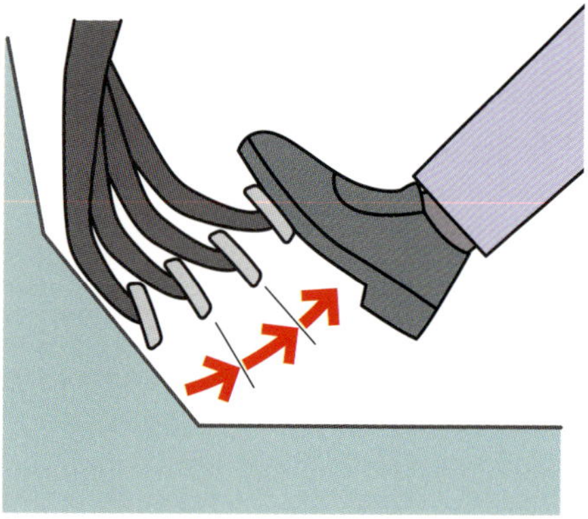

●クラッチペダルの働き

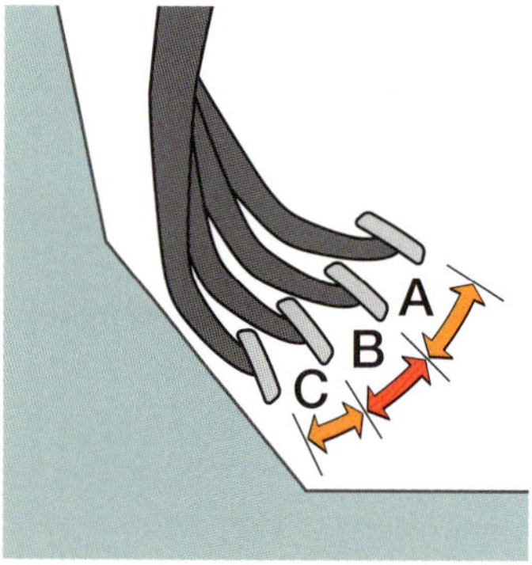

A あそび
エンジンからの動力が、クラッチに完全に伝わっている状態。

B 踏み込み
エンジンからの動力が、クラッチに少しだけ伝わっている状態（半クラッチ）。

C 余裕
この位置まで踏み込むと、クラッチが切れている状態となる。

半クラッチの状態のエンジン音を耳で覚える！

エンジン音を聞きながら、半クラッチの位置を自分の左足の感覚と耳で覚えよう。

6 チェンジレバーの動かし方

●チェンジレバーの位置と役割 MT

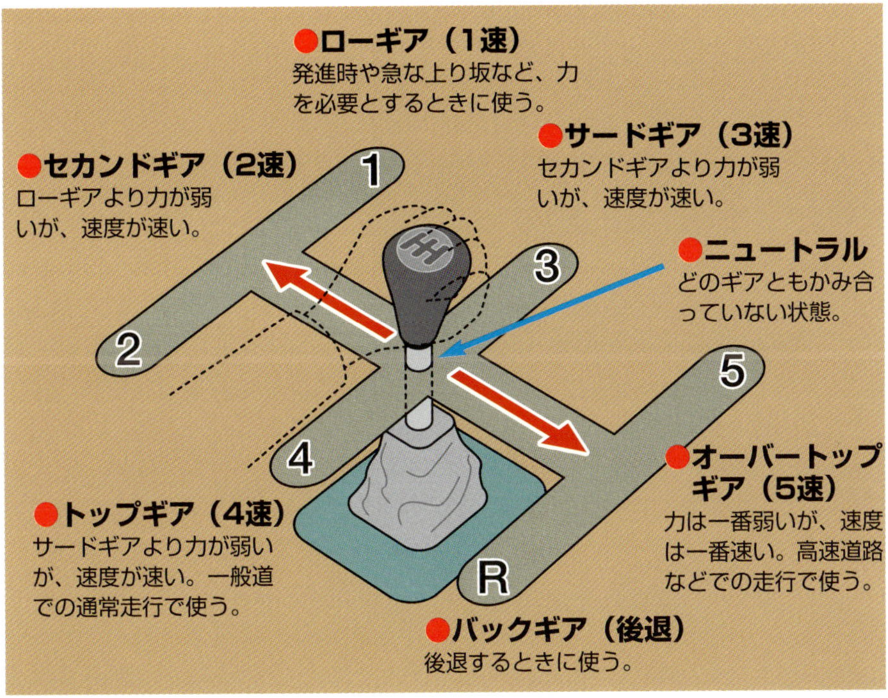
●ローギア（1速）
発進時や急な上り坂など、力を必要とするときに使う。
●セカンドギア（2速）
ローギアより力が弱いが、速度が速い。
●サードギア（3速）
セカンドギアより力が弱いが、速度が速い。
●ニュートラル
どのギアともかみ合っていない状態。
●トップギア（4速）
サードギアより力が弱いが、速度が速い。一般道での通常走行で使う。
●オーバートップギア（5速）
力は一番弱いが、速度は一番速い。高速道路などでの走行で使う。
●バックギア（後退）
後退するときに使う。
1
2
3
4
5
R

■発進するときのギア

発進するときは、MT車はローギアに入れる。

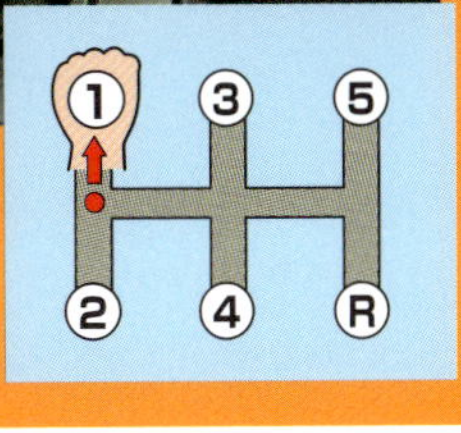
1
3
5
2
4
R

MT車の発進のときには、ローギア（1速）を使う。

●チェンジレバーの動かし方 MT

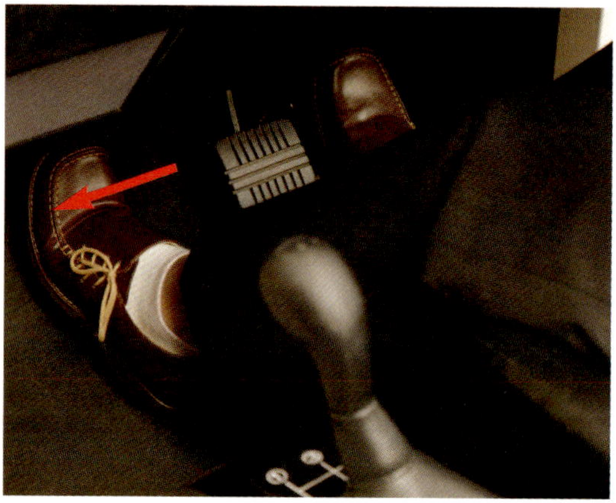

チェンジレバーを操作するときには、クラッチを切って動かす。クラッチがつながった状態ではレバーの操作をしてはならない。

■ギアチェンジの手順

●ニュートラルからローギアへ

ニュートラルの位置からレバーを左へ寄せて、前へ押す。

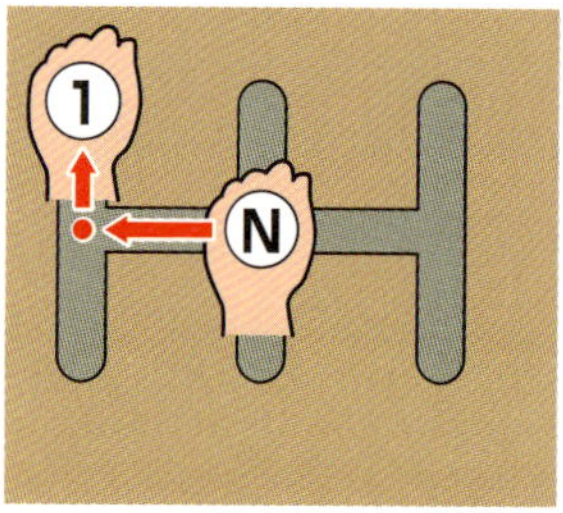

●ローギアからセカンドギアへ

レバーを左へ寄せたまま、手前に引く。

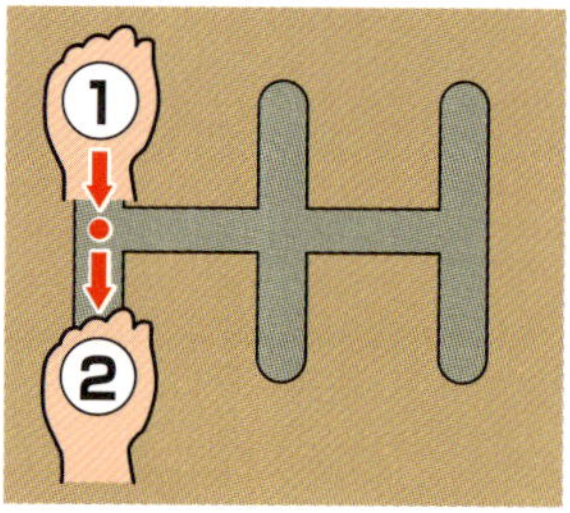

●セカンドギアからサードギアへ

ニュートラルの位置まで戻し、前へ押す。

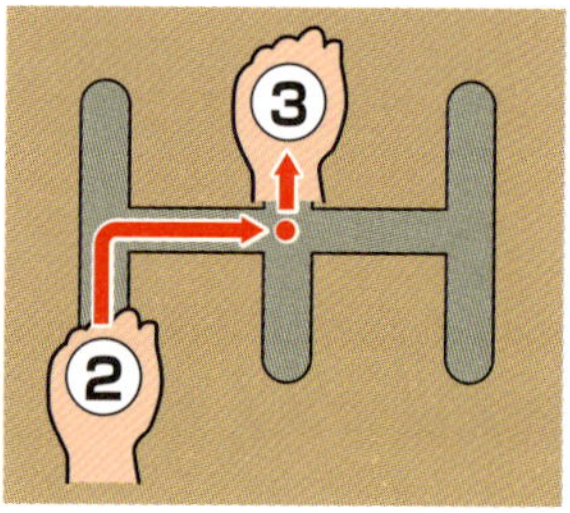

●サードギアからトップギアへ

サードの位置からそのまま手前にレバーを手前に引く。

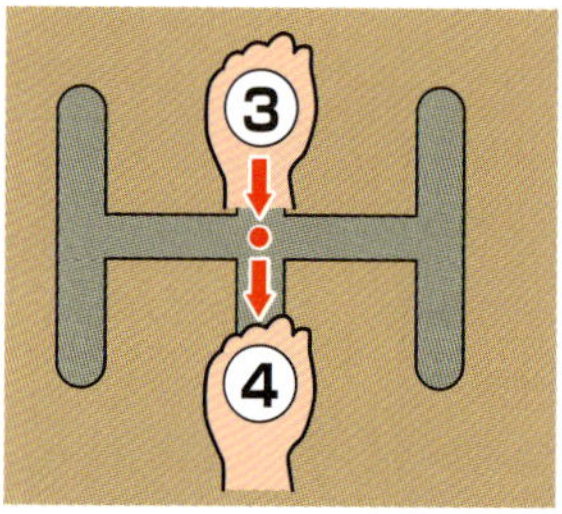

●トップギアからオーバートップギアへ

ニュートラルの位置まで戻し、レバーを右へ寄せて前へ押す。

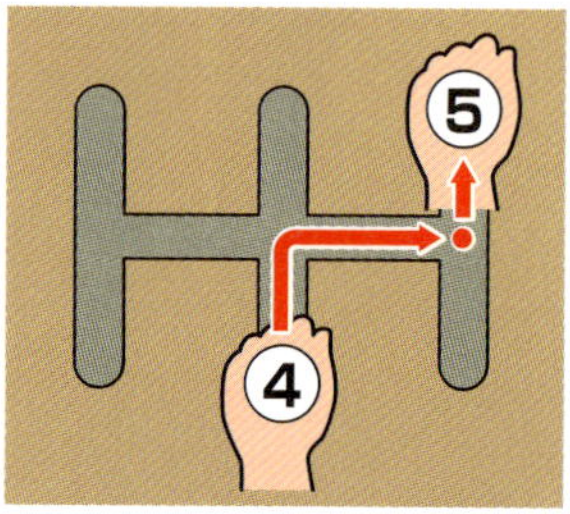

●バックギアへの入れ方

ニュートラルの位置から、レバーを右へ寄せて手前に引く。

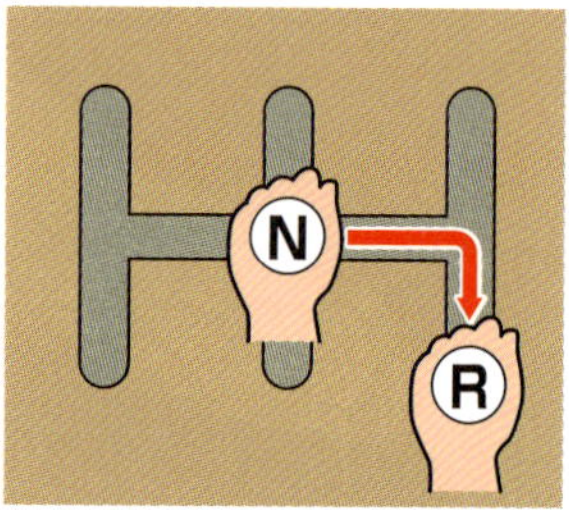

ローギア、バックギアに入りにくいときは、一度ニュートラルへ戻し、クラッチを踏み直すと入りやすくなる。車種によっては上記の位置と異なる場合もある。

●チェンジレバーの位置と役割　AT

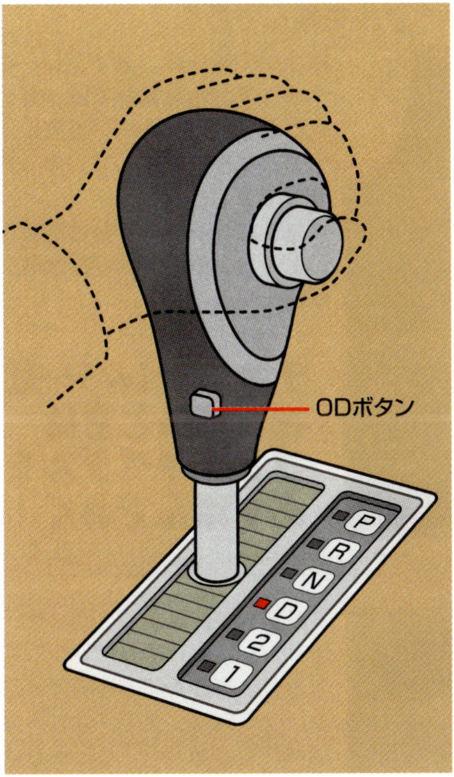

P　パーキングレンジ
駐車するとき、エンジンを始動させるときは、この位置。

R　リバースレンジ
バック（後退）するときに使用。

N　ニュートラルレンジ
動力が伝わらない状態。走行中には使用しない。

D　ドライブレンジ
通常の走行で使用。

2　セカンドレンジ
下り坂でエンジンブレーキを効かせたいときなどに使用。

1　ローレンジ
セカンドよりもさらにエンジンブレーキが必要なときなどに使用。

OD　オーバードライブ
オンにすると高速走行時の燃費がよくなる。
下り坂ではエンジンブレーキを効かせるためにオフにする。

AT車は、基本的にDレンジに入れて走行すればよい。まさにオートマチックなのだ。

AT車のチェンジレバーを操作するときは、レバーの横についているボタン（親指が当たる部分）を押して操作する。
AT車のレンジは車種やメーカーによって異なる。D 3 2 Lのように設定されているAT車もある。

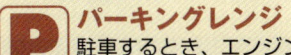

●チェンジレバーを動かすときの注意　AT

■レバーを動かすときはブレーキペダルを踏んでおく

停止中の操作は、必ずブレーキペダルを踏んだ状態で動かすこと。AT車のクリープ現象によって、車が動き出してしまう危険がある。
また、ブレーキペダルを踏まないとチェンジレバーが動かない車種もある。

チェンジレバーを操作するときはブレーキペダルを必ず踏んでおく！

■チェンジレバーの位置を確認する

発進前や駐停車するときには、チェンジレバーがどのレンジに入っているかを必ず確認すること。とくにバックギアはパーキングの次にあるのでしっかり確かめよう。

自分の目で確かめる！

●チェンジレバー位置表示灯

パーキングレンジ　ドライブレンジ

AT車には、計器類のところにチェンジレバー位置表示灯があるので、ここでも確認できる。

7 ハンドブレーキの使い方

ハンドブレーキは、駐車するときや坂道発進（72ページ参照）するときに使う。

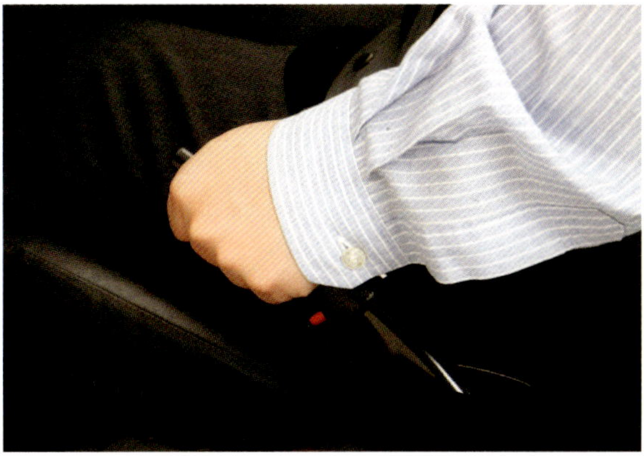

●ハンドブレーキのかけ方

ボタンを押さないでそのままいっぱいに引く。
ブレーキ警告灯が点灯するので確認する。

●ハンドブレーキの戻し方

ボタンを押したままいっぱいに戻す。
ブレーキ警告灯が消えるので確認する。

8 エンジンのかけ方、止め方

chapter 3　chapter 22

●エンジンスイッチ

LOCK（ロック）
キーを差し込んだり、抜いたりする位置。

ACC（アクセサリー）
エンジンを止める位置（ラジオなどの操作はできる）。

ON
エンジン回転中の位置（走行時の位置）。

START
エンジンをかけるときの位置。

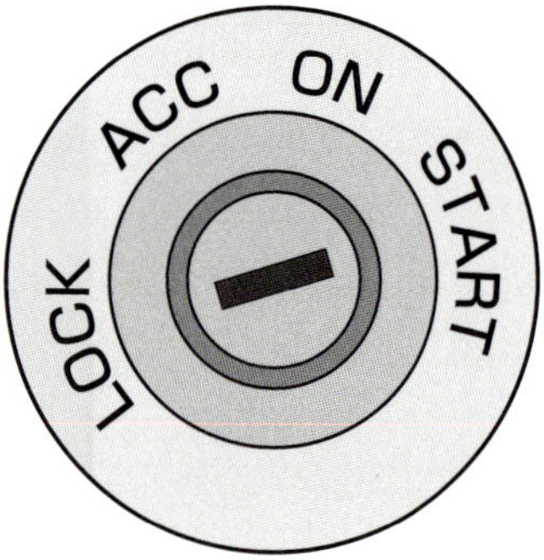

●エンジンのかけ方　MT

1

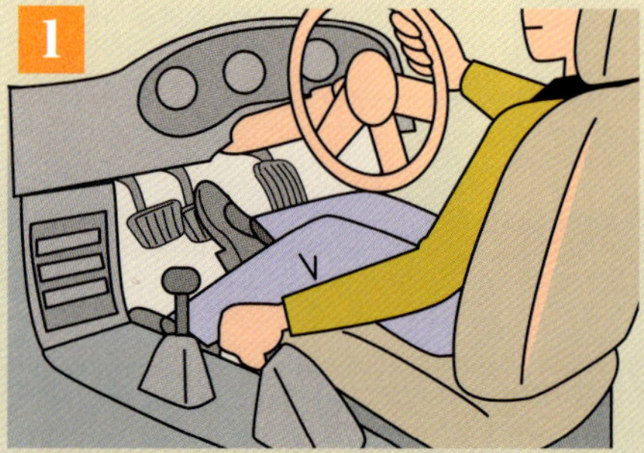

ハンドブレーキが引いてあるか確認する。

クラッチ・スタートシステム

クラッチ・スタートシステムを搭載している車種は、クラッチペダルを踏んだままでないとエンジンがかからない。

2

クラッチをいっぱいに踏み込んで、ギアはニュートラルに。

3

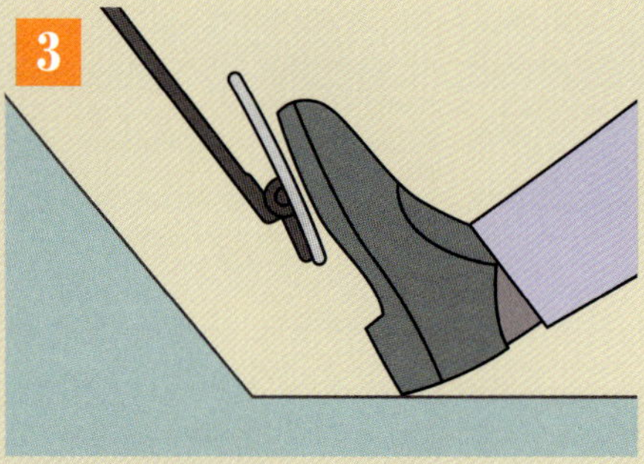

アクセルペダルは踏まない。

4

キーをSTARTの位置まで回し、エンジンを始動させる。

5

エンジンがかかると、ハンドブレーキ以外の警告灯が消える。

●エンジンの止め方、キーの抜き方 MT

1

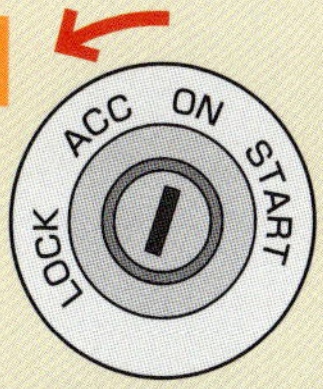

キーをACCの位置まで左に回す（エンジンが止まる）。

2

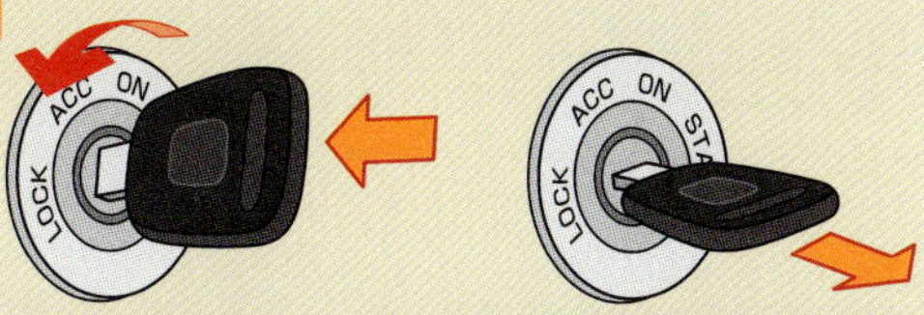

LOCKの位置まで戻すとキーが抜ける。

●エンジンのかけ方 AT

1

チェンジレバーがPレンジの位置にあることを確認する。

2

ハンドブレーキが引いてあるか確認する。

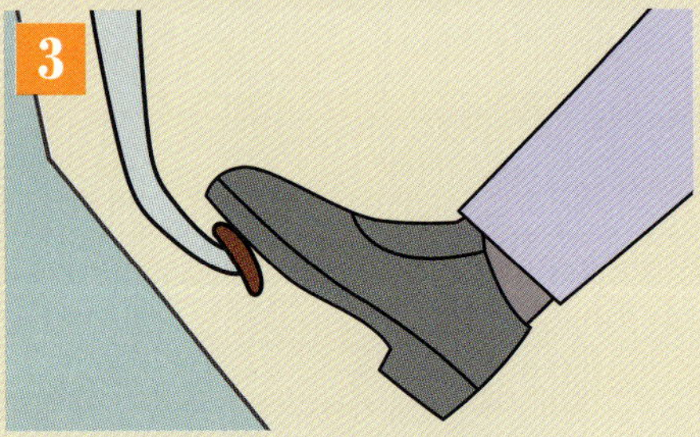

3 ブレーキペダルを踏んでおく。

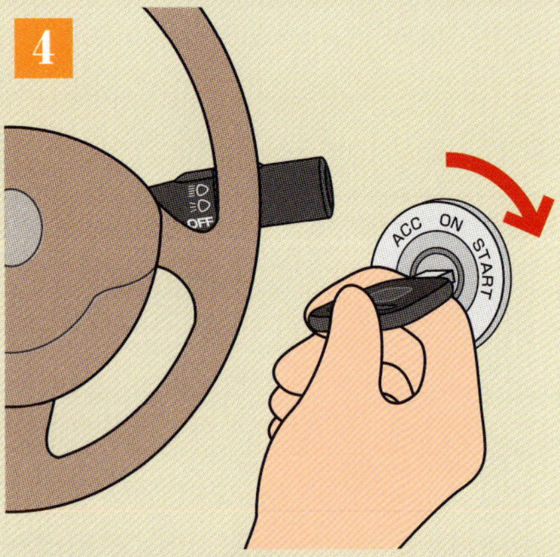

4 キーをSTARTの位置まで回し、エンジンを始動させる。エンジンが始動したら手を離す。キーは自動的に「ON」の位置に戻る。

5 エンジンがかかると、ハンドブレーキ以外の警告灯が消える。

●エンジンの止め方、キーの抜き方 AT

1 完全に停止してからハンドブレーキを引く。

2 チェンジレバーをPレンジに入れる。

3 キーをACCの位置まで左に回す（エンジンがストップする）。LOCKの位置まで戻すとキーが抜ける。

4 最後にブレーキペダルを離す

ブレーキペダルはエンジンを切ってから、最後に離すこと。

9 その他の装置の取り扱い方

●方向指示器レバー、ライトスイッチ類

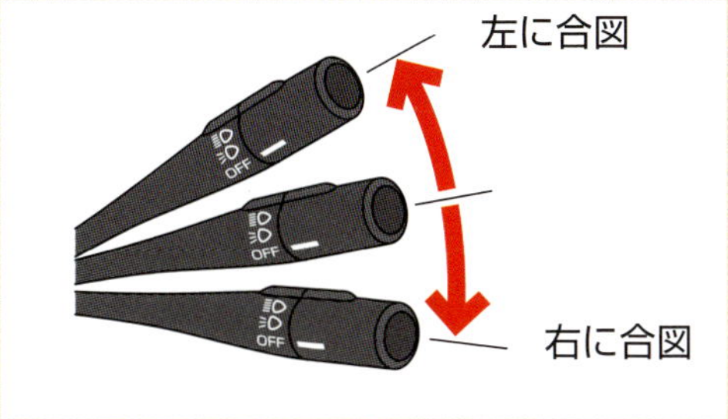

方向指示器レバー

右左折や進路変更で合図を出すときに操作する。
レバーはハンドルの戻しに応じてオート（自動）で戻ってくる。

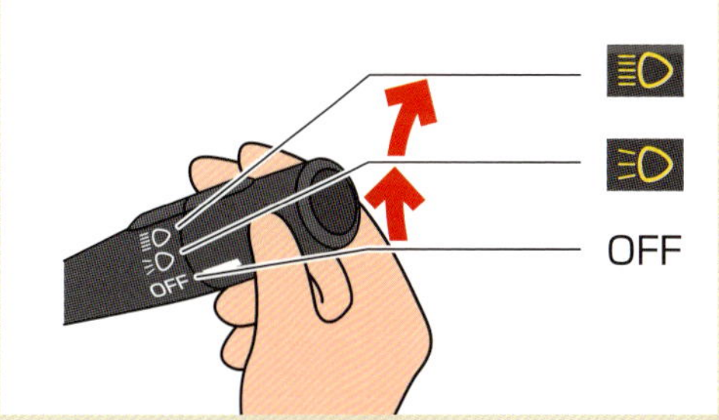

ライトスイッチ

 前照灯、車幅灯、尾灯、番号灯、計器照明灯が点灯する。

 車幅灯、尾灯、番号灯、計器照明灯が点灯する。

OFF　ライト類がすべて消える。

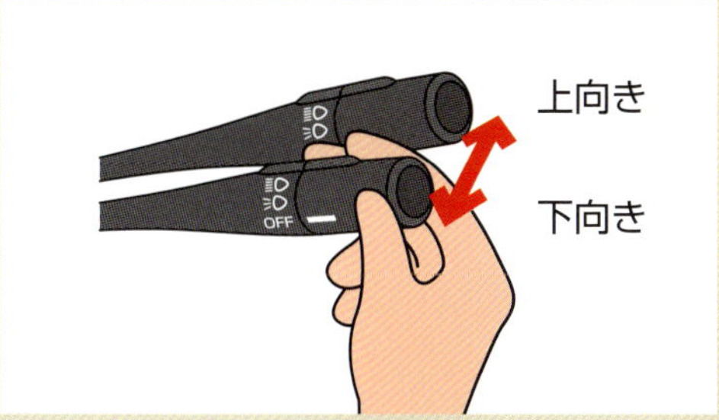

ヘッドライト（前照灯）の切り替え

方向指示器レバーを前に押し出すと前照灯は走行用の上向きになり、戻すとすれ違い用の下向きになる。
上向き（ハイビーム）照射距離約100m
下向き（ロービーム）照射距離約40m

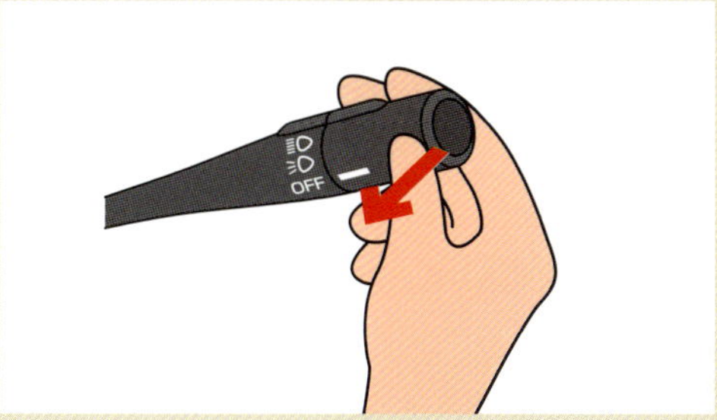

パッシング

手前に引き上げると上向きで前照灯が点灯する。
※ライトスイッチがOFFになっていてもパッシングはできる。
パッシングには、「お先にどうぞ」「邪魔するな」「気をつけろ」「ライト消し忘れ」などの意思伝達に使われるが、どれも公式なルールではないので、誤解を避ける意味でも多用すべきではない。

●ワイパースイッチ

OFF	止まる
INT	一定間隔で動く
Lo	ゆっくり動く
Hi	速く動く

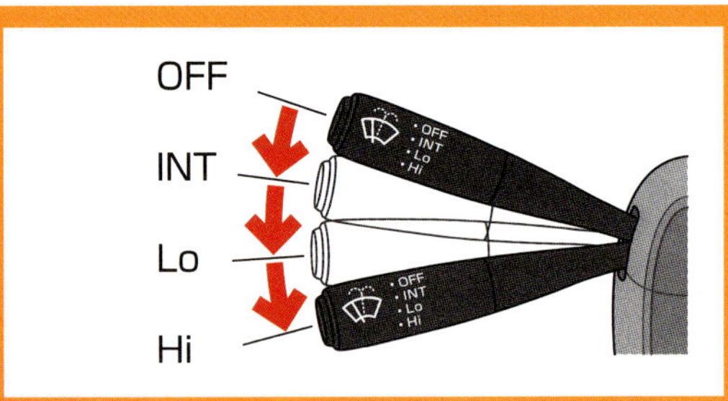
OFF
INT
Lo
Hi

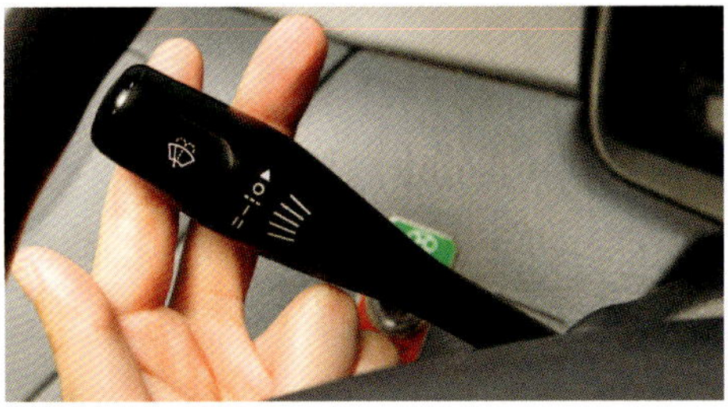

レバーを手前に引くとウォッシャー液が出てワイパーが動く（フロントウインドウの汚れを除去するときなどに使用する）。ボタンで操作するタイプのものもある。

●灯火類

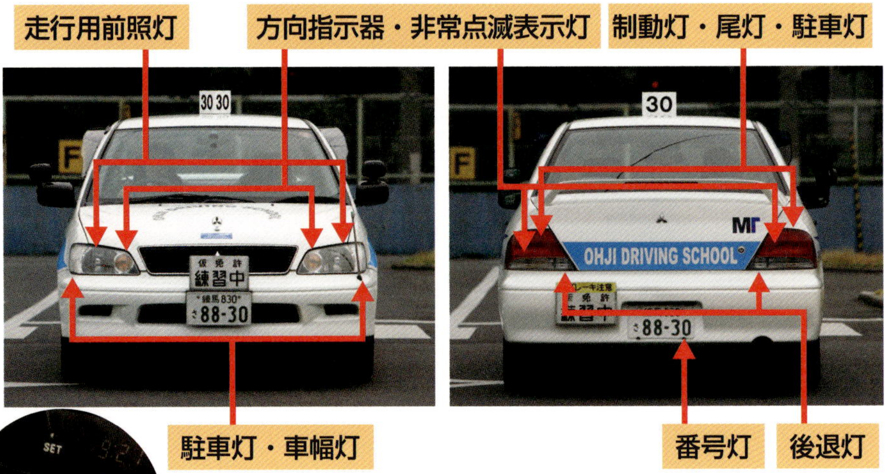
走行用前照灯
方向指示器・非常点滅表示灯
制動灯・尾灯・駐車灯
駐車灯・車幅灯
番号灯
後退灯
OHJI DRIVING SCHOOL

SET

スイッチを押すとON、OFFが切り替わる。

非常点滅表示灯（ハザード）
故障などのため路上でやむを得ず駐停車するときに使う。

●計器類

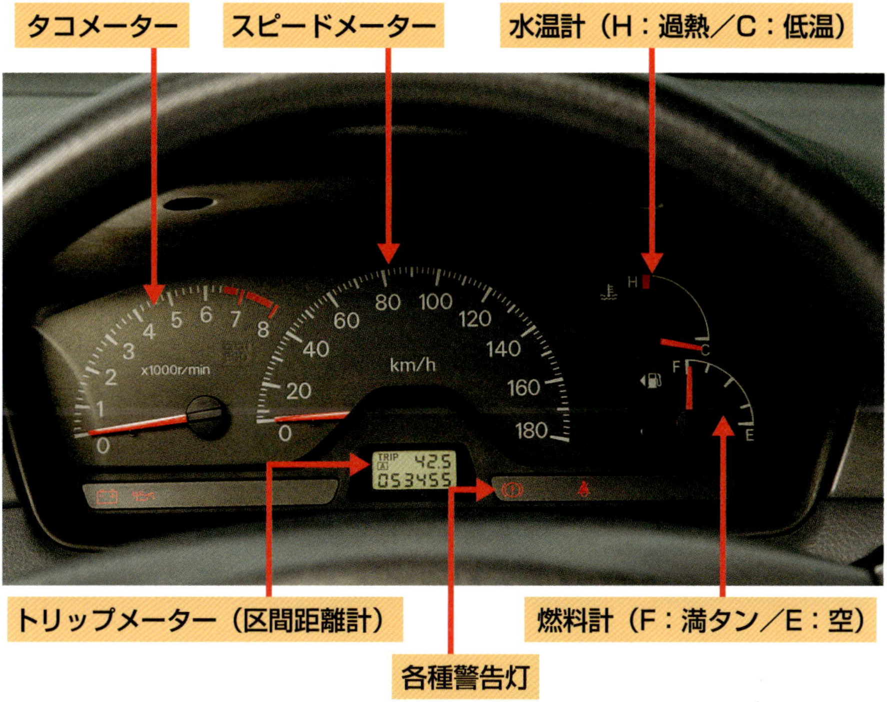
タコメーター
スピードメーター
水温計（H：過熱／C：低温）
トリップメーター（区間距離計）
各種警告灯
燃料計（F：満タン／E：空）

●警告灯は車の異常を知らせるサイン

ブレーキ警告灯
ハンドブレーキが引かれたままの状態。

充電警告灯
バッテリー残量が少ない。

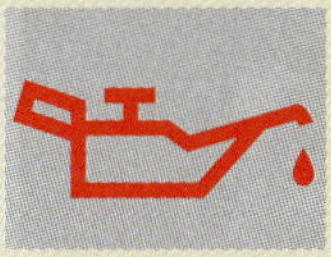

油圧警告灯
エンジンオイルの量が少ない。

半ドア警告灯
いずれかのドアが半ドア。

燃料残量警告灯
燃料が残り少ない。

排気温度警告灯
排気温度が異常に高い。

MT AT

教習項目

3 発進と停止

●発進と停止については、MT車とAT車では操作手順が異なる。
●MT車の場合、発進するときにアクセルを踏み込む量とクラッチの戻しが合わないと、飛び出しやエンストを起こす。半クラッチの位置を覚えれば上手に発進できるようになる。

1 発進の方法 chapter 5 chapter 22

●半クラッチ MT

エンジン回転数を2000回転前後で維持し、クラッチを徐々に戻してくると、エンジンの音や車の振動などが変化する。このような半クラッチの状態を体で覚えることが大切になる。

スムーズな発進をするには半クラッチの位置とアクセルを踏む量（エンジン回転数）を覚えることが大切。
2000回転前後になるようにアクセルペダルを踏む。

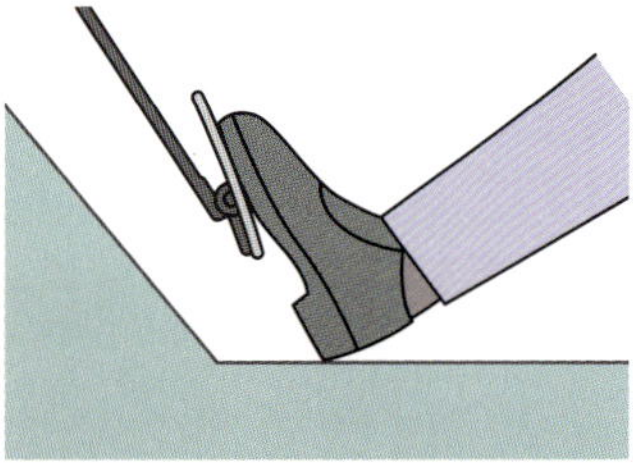

失敗例① エンスト

アクセルの踏む量が不十分なままクラッチをつなぐとエンストの原因になる。

失敗例② 飛び出し

アクセルを踏みすぎた状態でクラッチをつなぐと飛び出し（急発進）するので危険！

●クリープ現象 AT

クリープ現象はAT車に特有なもので、エンジンがかかっている状態でP、N以外のレンジに入れると、車がひとりでに動き出す現象のことをいう。AT車ではDやRに入れたときはブレーキペダルを踏んでいないと、車が動いてしまうので注意が必要だ。

ブレーキを緩めると

※クリープ現象は、バック（後退）する場合にも起きるので、注意しよう。

発進するときに利用する

AT車の発進はクリープ現象を利用する。

失敗例 急発進

アクセルを強く踏むと急発進するので注意！

●発進の手順 MT

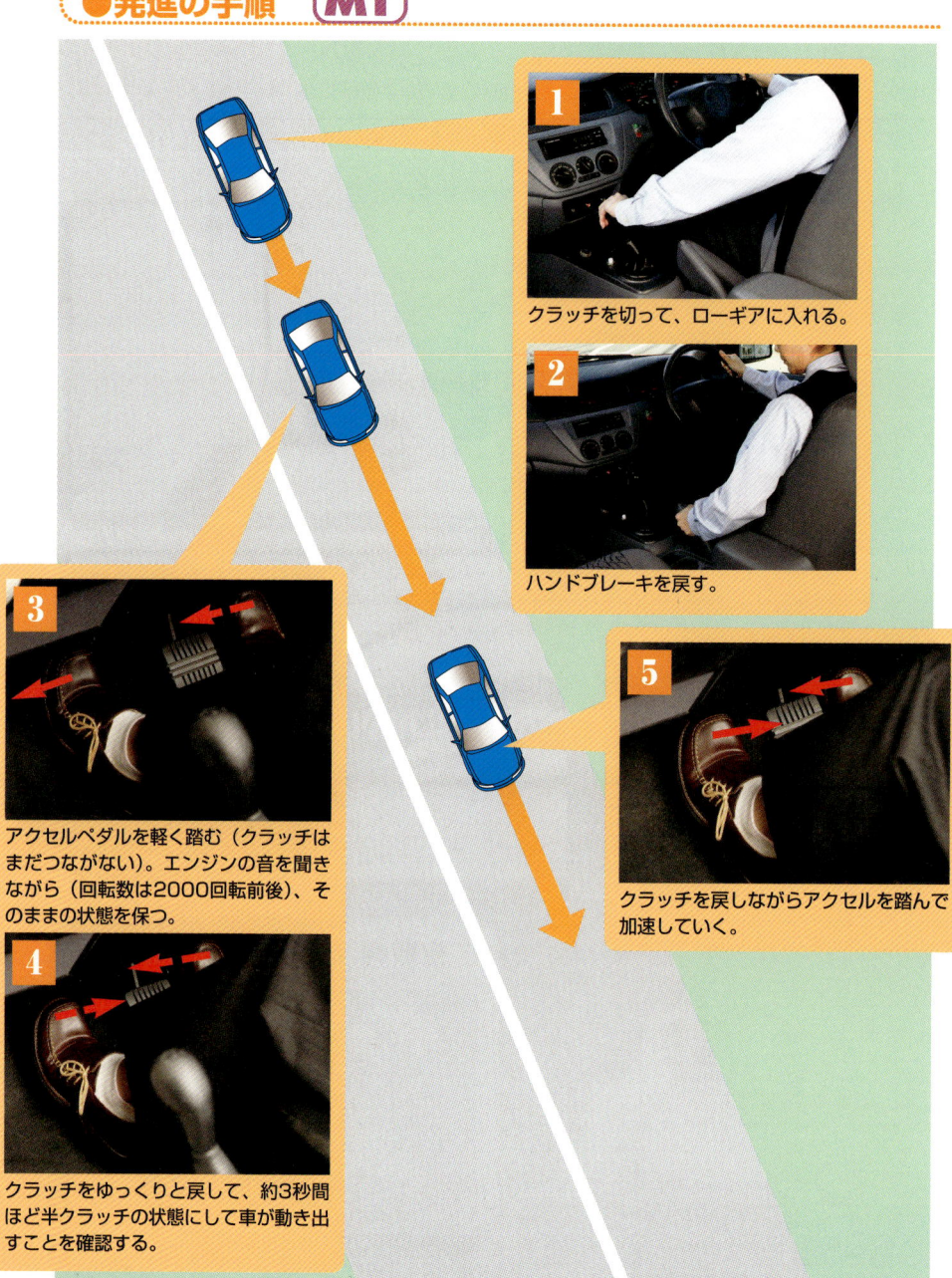

クラッチを切って、ローギアに入れる。

ハンドブレーキを戻す。

アクセルペダルを軽く踏む（クラッチはまだつなぎがない）。エンジンの音を聞きながら（回転数は2000回転前後）、そのままの状態を保つ。

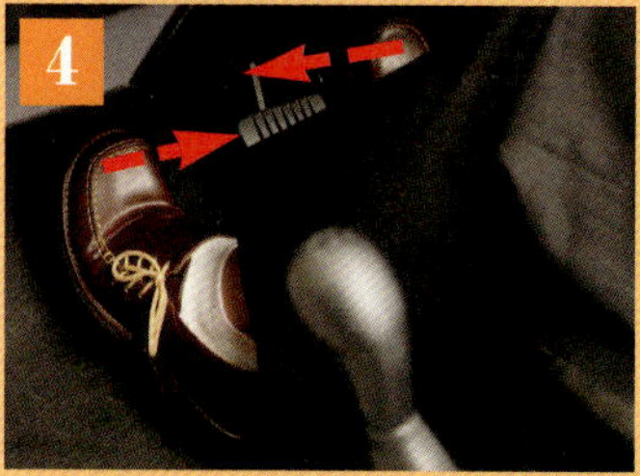

クラッチをゆっくりと戻して、約3秒間ほど半クラッチの状態にして車が動き出すことを確認する。

クラッチを戻しながらアクセルを踏んで加速していく。

●発進の手順 AT

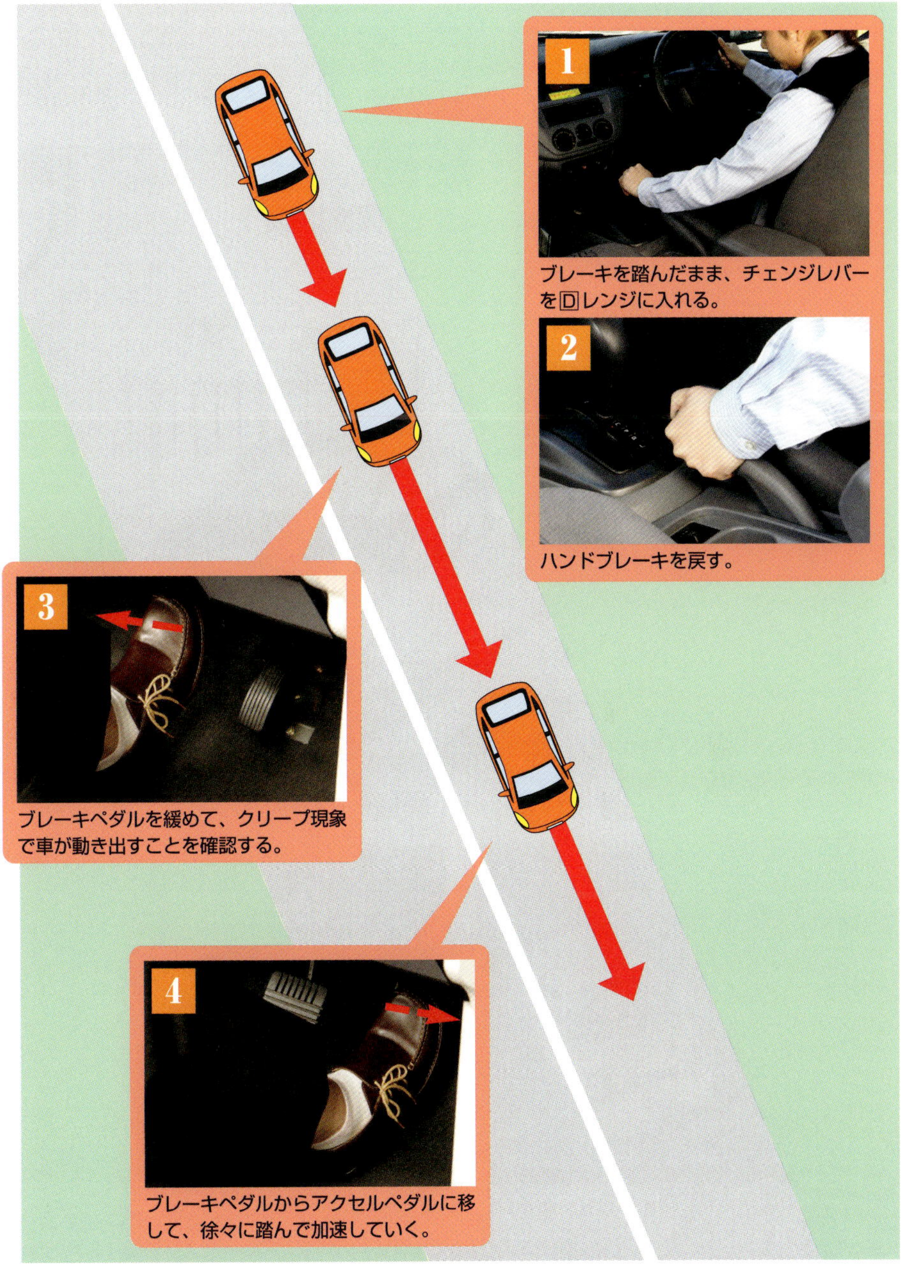

1 ブレーキを踏んだまま、チェンジレバーを[D]レンジに入れる。

2 ハンドブレーキを戻す。

3 ブレーキペダルを緩めて、クリープ現象で車が動き出すことを確認する。

4 ブレーキペダルからアクセルペダルに移して、徐々に踏んで加速していく。

2 停止の方法 chapter 5 chapter 22

●ブレーキの正しいかけ方

一気にブレーキを踏むのではなく、まず一度ブレーキを踏んで速度を下げ、停止位置に合わせるようにもう一度ブレーキを踏んで安全に停止させる。

失敗例① 停止線オーバー

ブレーキの踏み込みが弱すぎると、停止目標をオーバーしてしまう。

失敗例② 急ブレーキ

減速が不十分だと、停止目標の直前で急ブレーキを踏むことになる。

●停止の手順 MT

①車を停止させる位置を決める。

アクセルペダルを戻し、減速する。

ブレーキペダルを踏む。速度が出ている場合は、一気に踏み込むのではなく、数回に分けて踏むポンピングブレーキを使えば、安全に減速でき、後続車に注意を促すことができる。

速度が下がってきたら、クラッチペダルをいっぱいに踏む。

停止位置に合わせるように、ブレーキを調節しつつ止める。

●停止の手順 AT

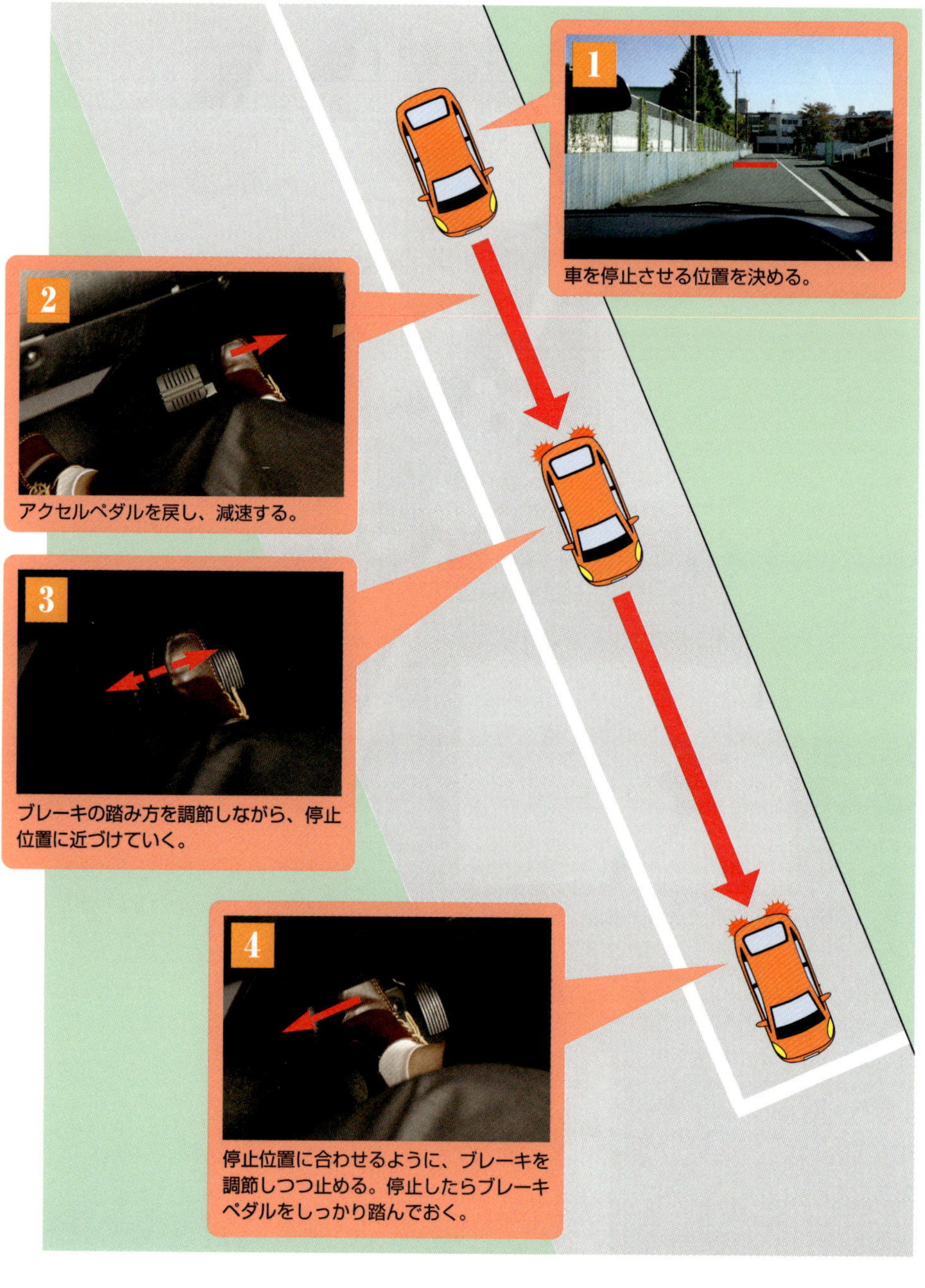

1 車を停止させる位置を決める。

2 アクセルペダルを戻し、減速する。

3 ブレーキの踏み方を調節しながら、停止位置に近づけていく。

4 停止位置に合わせるように、ブレーキを調節しつつ止める。停止したらブレーキペダルをしっかり踏んでおく。

3 車から離れるとき

MT

1 ハンドブレーキをかける

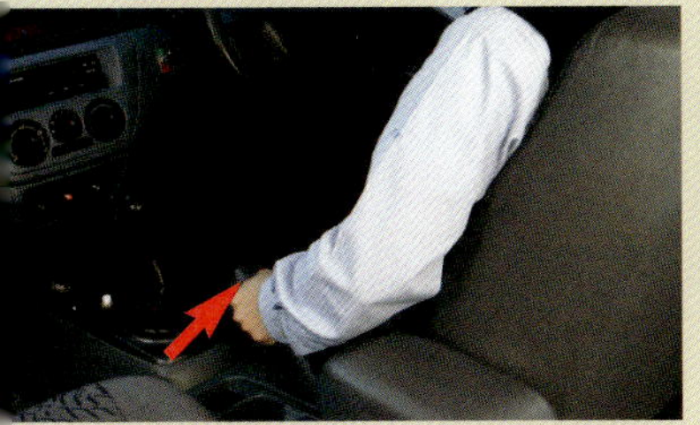

このときブレーキペダル、クラッチペダルは踏んだまま。

2 エンジンを止める

キーを回してエンジンを停止する。

3 ローギアまたはバックギアに入れる

上り坂ではローギア、下り坂ではバックギアに入れる。

4 クラッチペダルを戻す

ブレーキペダルは踏んだまま。

5 ブレーキペダルを戻す

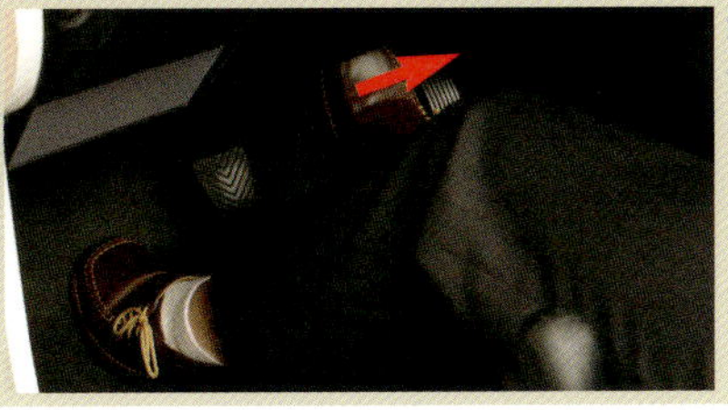

最後にブレーキペダルを戻す。

AT

1 ハンドブレーキをかける

このときブレーキペダルは踏んだまま。

2 チェンジレバーをPレンジにする

Pレンジに入ったか、必ず自分の目で確かめる。

3 エンジンを止める

キーを回してエンジンを停止する。

4 ブレーキペダルを戻す

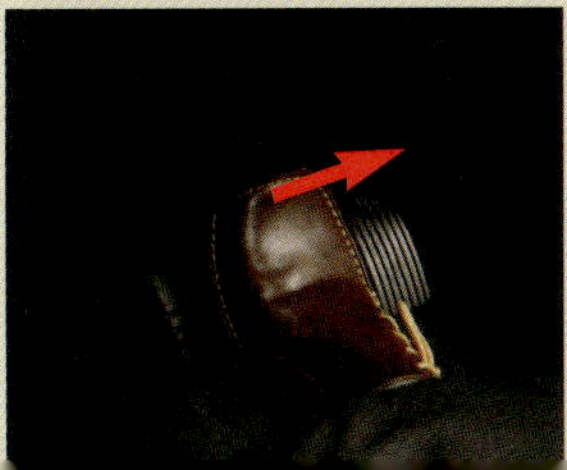

最後にブレーキペダルを戻す。

車から離れるときは、ドアロックを忘れないこと。

MT AT

教習項目

4 速度の調節

●発進・停止ができるようになったら、次の課題は速度の調節。
●スムーズな加速を得るギアチェンジと速度を一定に保つアクセル操作。
●エンジンブレーキ、減速チェンジ、フットブレーキを使った減速の方法。

1 アクセル操作とブレーキ操作による速度調節

●アクセルを踏む、戻す

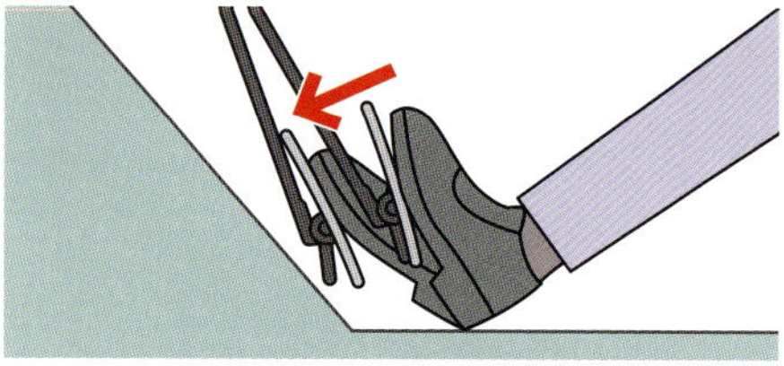

アクセルを踏むとエンジン回転数が上がり、車の速度が速くなる。

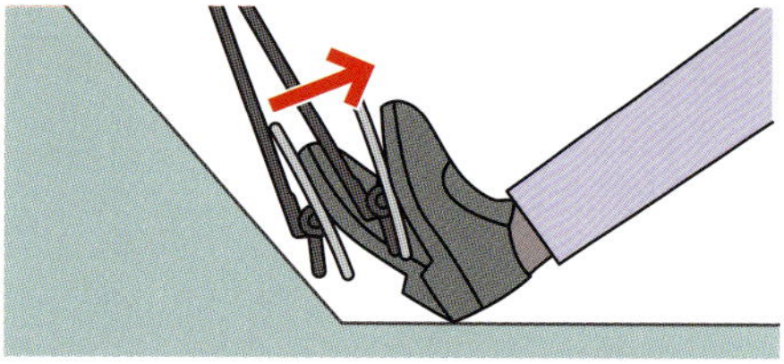

アクセルを戻すと、エンジン回転数が下がり、車の速度が遅くなる。

●速度を一定に保つアクセル操作

アクセルペダルを少し踏む、少し戻す。この微調整で一定の速度を保つ。

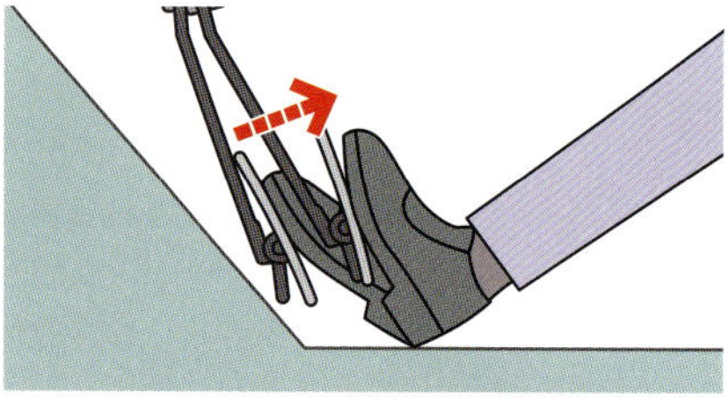

●ブレーキによる減速

アクセルの戻しによる速度低下よりも、さらに速度を落とすためにはブレーキを踏む。

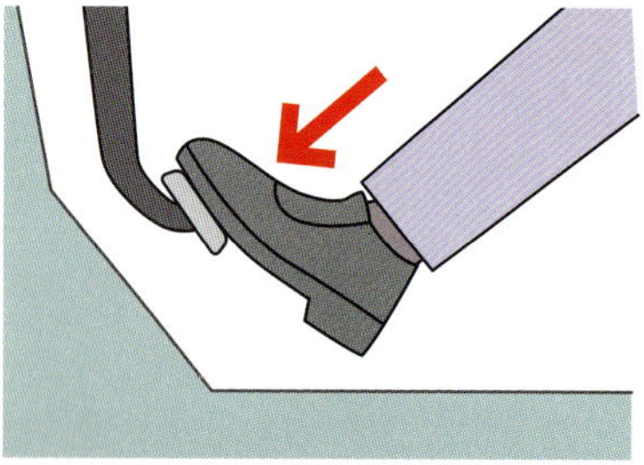

2 加速・減速チェンジの方法

ローからセカンド、サード、トップへとギアをチェンジして、速度を上げていく。

●加速チェンジの方法 MT

1 速度を上げる

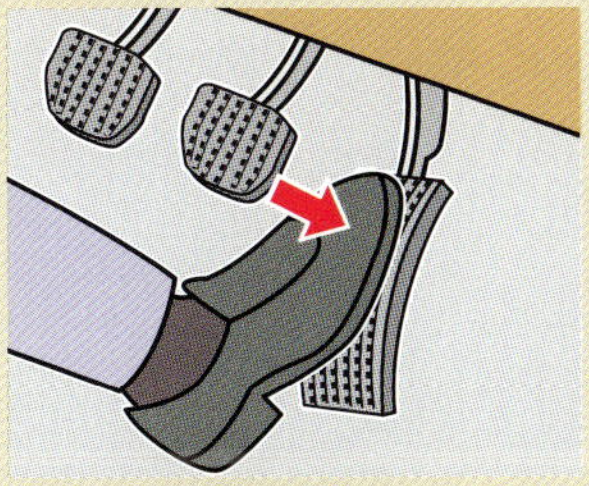

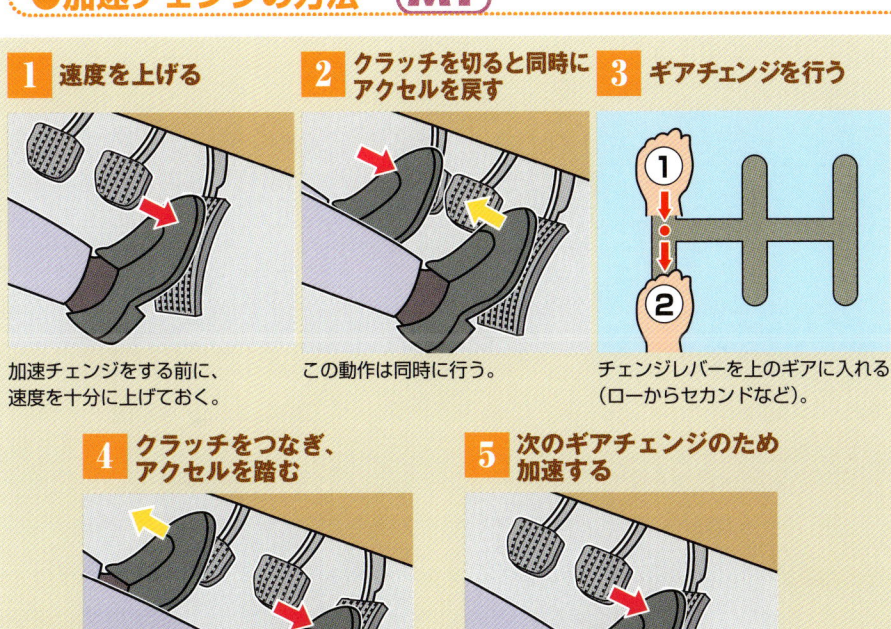

加速チェンジをする前に、速度を十分に上げておく。

2 クラッチを切ると同時にアクセルを戻す

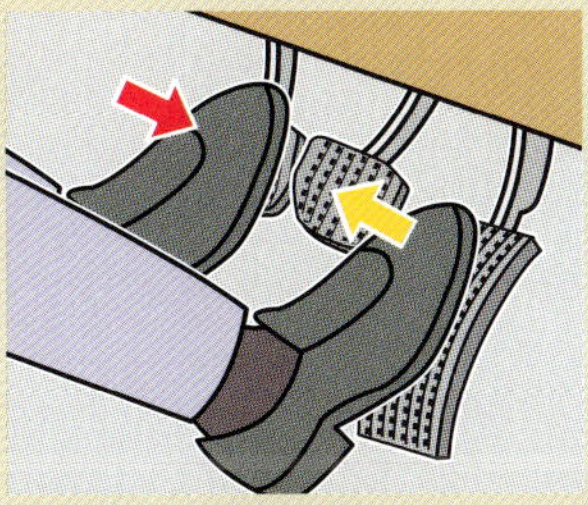

この動作は同時に行う。

3 ギアチェンジを行う

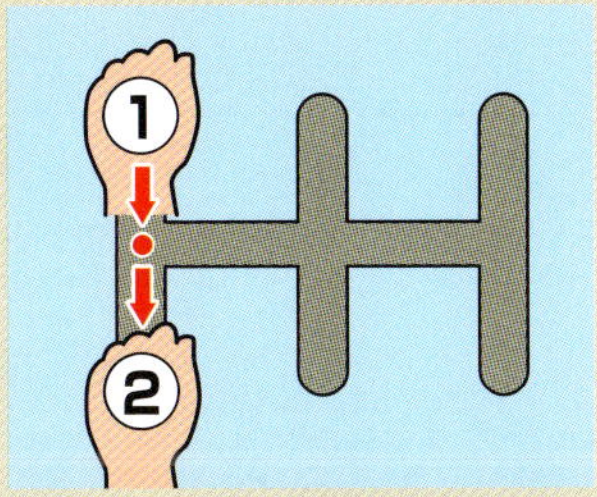
①
②

チェンジレバーを上のギアに入れる（ローからセカンドなど）。

4 クラッチをつなぎ、アクセルを踏む

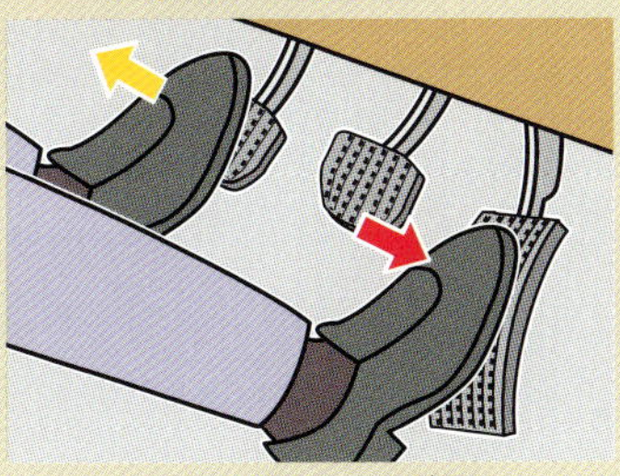

クラッチがつながることを確認しつつアクセルを踏む。

5 次のギアチェンジのため加速する

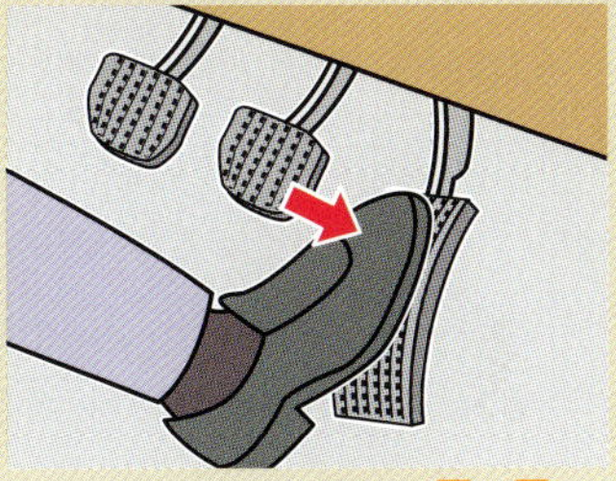

次のギアチェンジも同様に1～4の手順を行う。

加速チェンジの目安

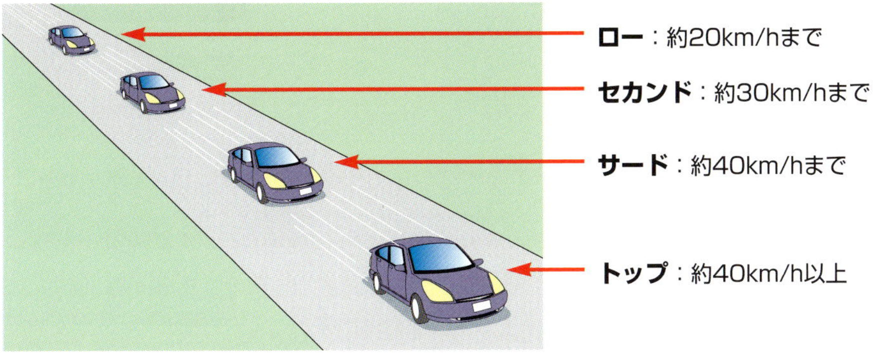
ロー：約20km/hまで
セカンド：約30km/hまで
サード：約40km/hまで
トップ：約40km/h以上

●減速チェンジの方法 MT

減速チェンジは、上り坂などで力のあるギアに替える必要があるときや、速度を遅くしたいときに行う。

1 クラッチを切ると同時にアクセルペダルを戻す

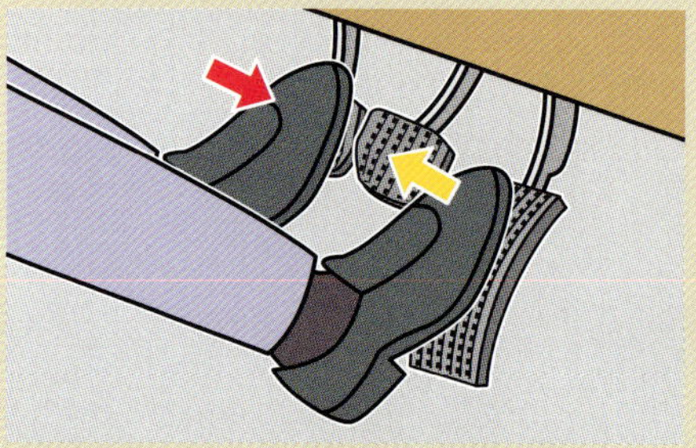

上り坂では、エンジンブレーキで速度が落ちすぎないうちに、減速チェンジを行うこと。

カーブなどで減速するときは

カーブなどで減速したいときは、「アクセルを戻す→クラッチを切る」の順で行う。

2 ギアチェンジを行う

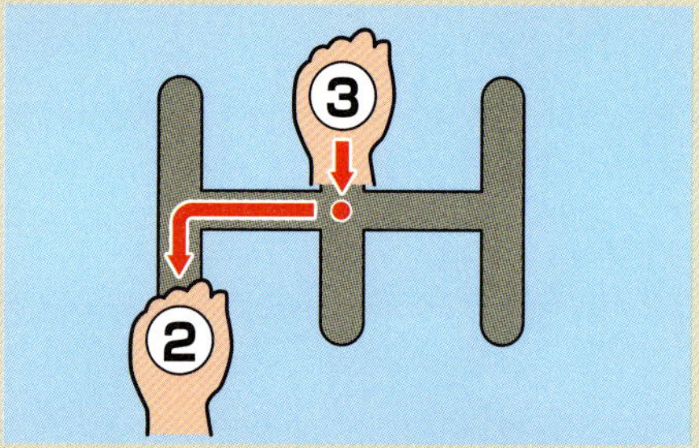
3
2

チェンジレバーを下のギアの位置（サードからセカンドなど）に入れる。

3 クラッチをつなぎ、アクセルペダルを踏む

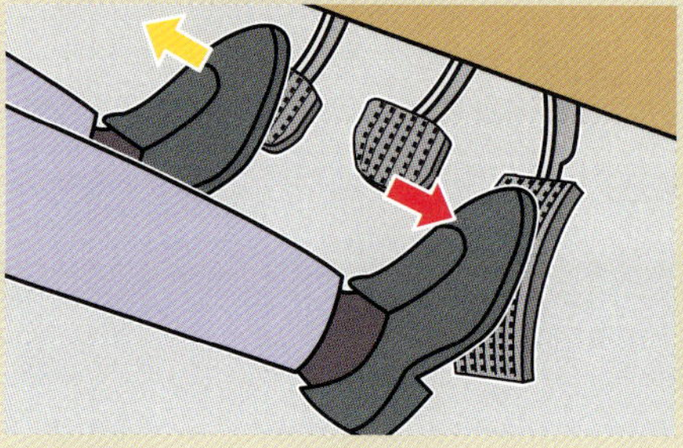

クラッチがつながることを確認しつつ、アクセルペダルを踏む。

減速チェンジの目安

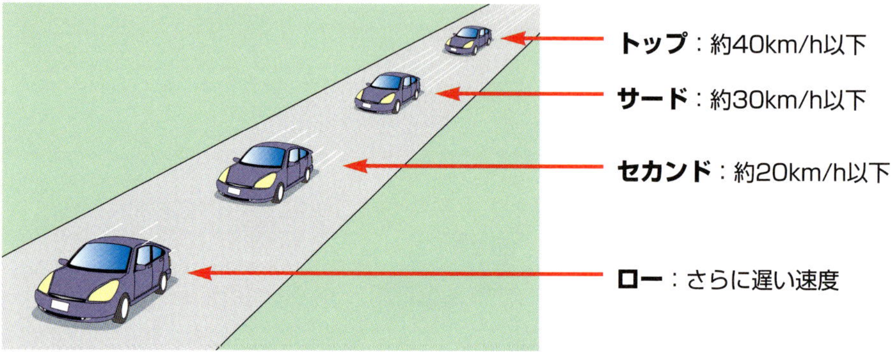
トップ：約40km/h以下
サード：約30km/h以下
セカンド：約20km/h以下
ロー：さらに遅い速度

●道路の状況に応じた速度調節

状況に応じて、アクセル操作、ブレーキによる減速、加速チェンジ・減速チェンジを行いスムーズな走行をする。

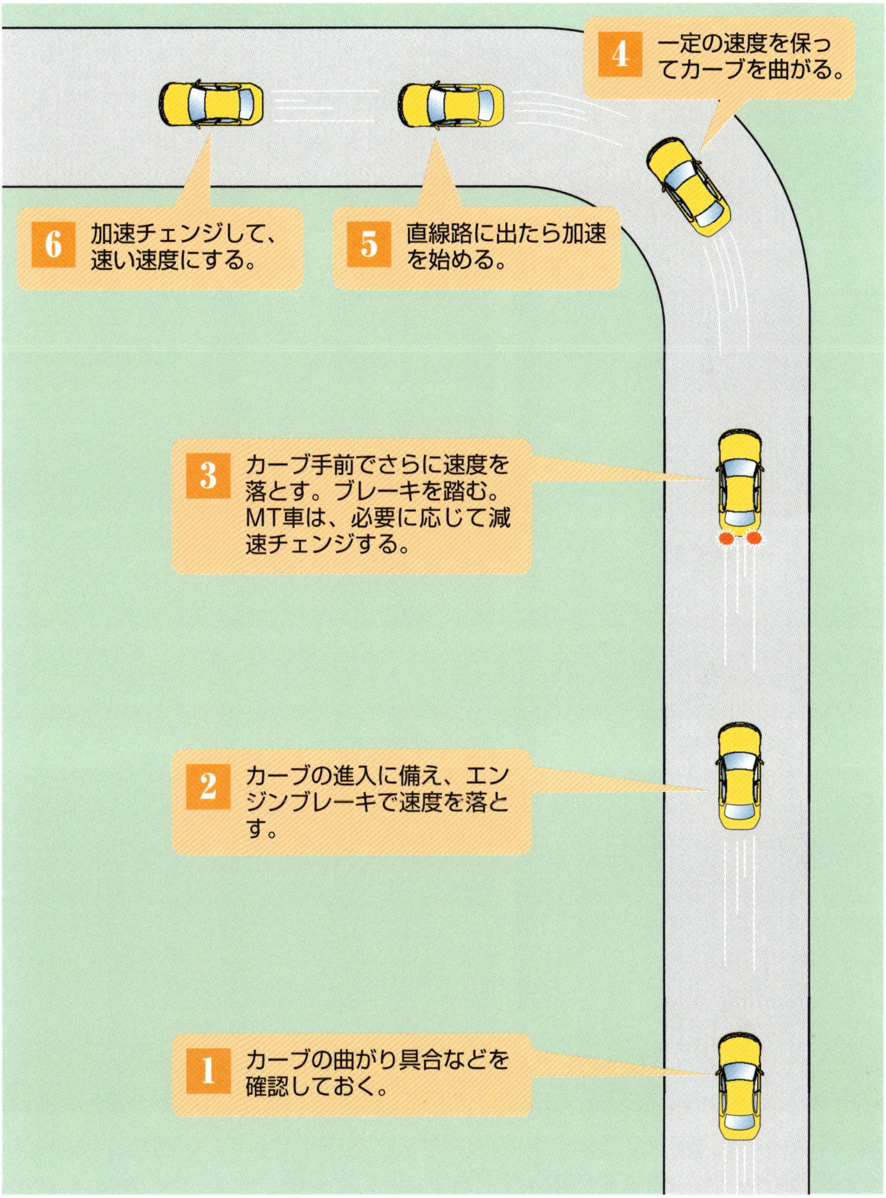
1 カーブの曲がり具合などを確認しておく。
2 カーブの進入に備え、エンジンブレーキで速度を落とす。
3 カーブ手前でさらに速度を落とす。ブレーキを踏む。MT車は、必要に応じて減速チェンジする。
4 一定の速度を保ってカーブを曲がる。
5 直線路に出たら加速を始める。
6 加速チェンジして、速い速度にする。

MT AT

教習項目

5 走行位置と進路

●簡単なことのようだが、直線路をまっすぐ走ることが苦手という初心者の人は少なくない。原因は視点の配り方と視野のとり方が上手にできていないから。
●一点だけを見つめるのではなく、視点の配り方を意識した練習をしよう。
●走行中の視線の配り方がマスターできれば、カーブでの進路のとり方も自然とできるようになる。

1 視点の配り方と視野のとり方

顔を上げると…… **遠くを見ることができる**

顔をしっかりと上げて見ると、視点が遠くに置かれることになり、視野も広くとれて、前方の状況がしっかりと確認できる。

顔が下がると…… **遠くが見えない**

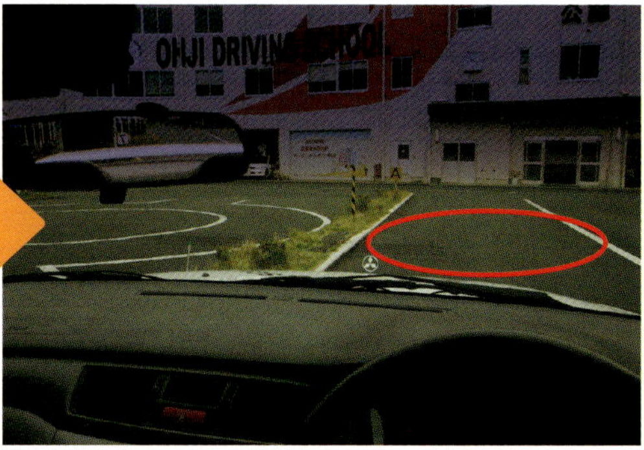

顔が下がってしまうと、視点が車の前方付近に集中してしまい、視野が狭くなって、前方の状況がつかめず、危険の予測がしにくくなる。

●まっすぐ走るには

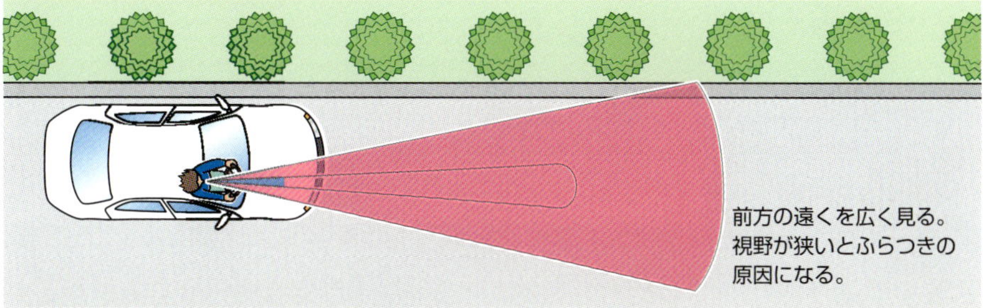

前方の遠くを広く見る。視野が狭いとふらつきの原因になる。

■直線路での視点の配り方

直進路では、一点を見つめるのではなく、前方、左右など、常に視点を変えて、安全の確認をすること。

■カーブでの視点の配り方

視点を先へ先へと送り、走行位置を決める。

カーブの曲がり具合、道幅を見る。

2 進路のとり方と修正

●直線路での進路のとり方

■視点が遠い

視点を遠くにとると、進路のズレがわかりやすく、修正も早くできる。

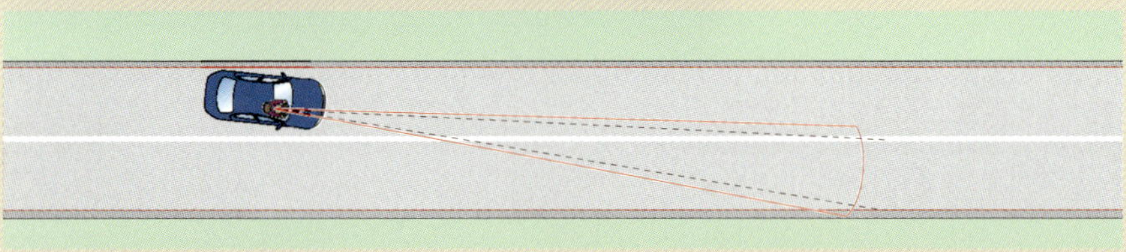

■視点が近い

視点が近すぎると、進路のズレがわかりにくく、修正が遅れる。

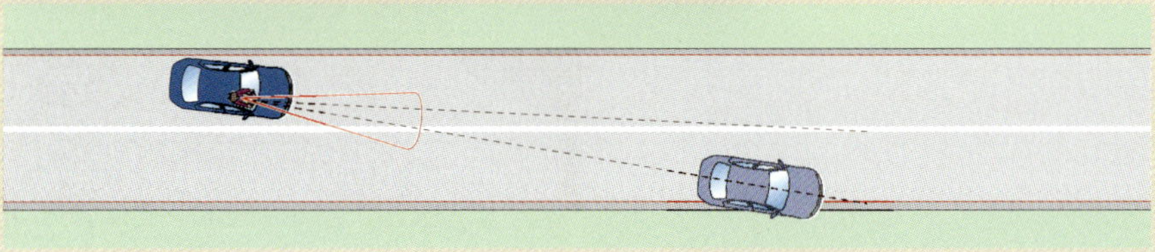

●カーブでの進路のとり方

カーブの大きさや、曲がり具合、スピードに応じて、ハンドルを切るタイミングと量を判断する。

十分に減速して、事前に決めた走行位置を走りながら、ハンドルを切るタイミングと量を調節する。

カーブに入る前に、カーブの曲がり具合や大きさを判断して、走行位置を決めておく。

進路の修正の方法

内側に入りそうな場合

減速してハンドルを戻す。カーブの曲がり具合に合わせてハンドルを切る。

道路外に飛び出しそうな場合

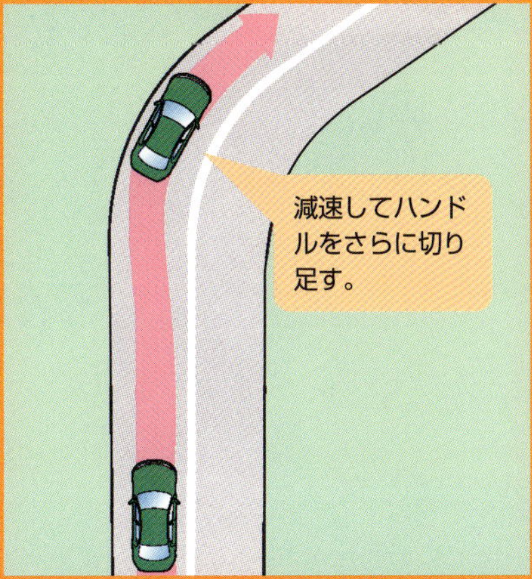
減速してハンドルをさらに切り足す。

●カーブでのハンドル操作

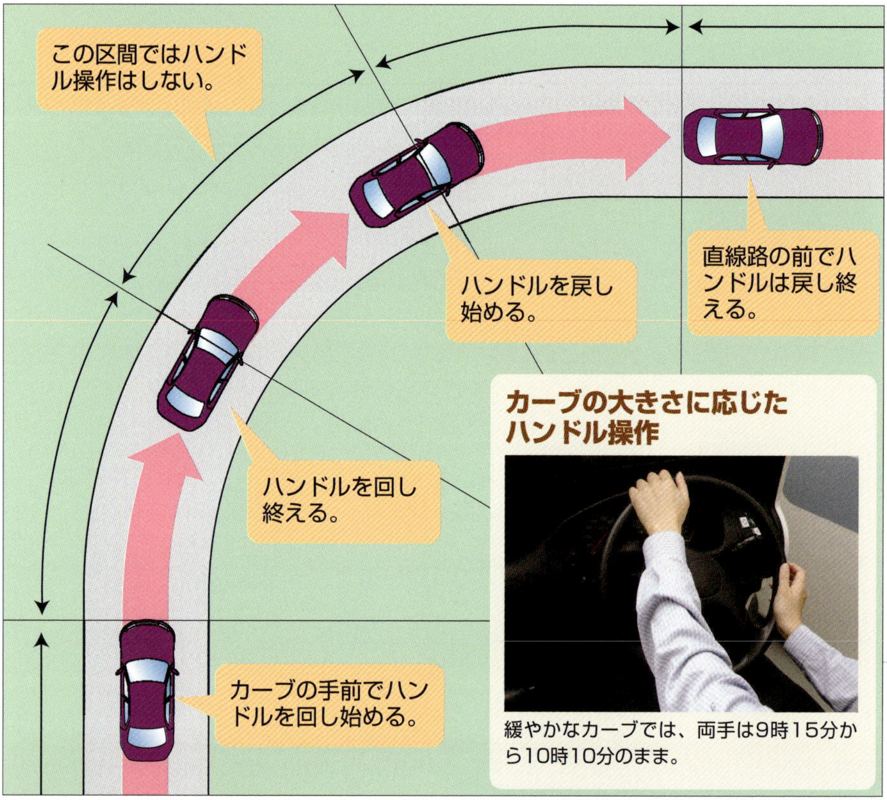
この区間ではハンドル操作はしない。
ハンドルを戻し始める。
直線路の前でハンドルは戻し終える。
ハンドルを回し終える。
カーブの手前でハンドルを回し始める。

カーブの大きさに応じたハンドル操作

緩やかなカーブでは、両手は9時15分から10時10分のまま。

■急なカーブでは

急なカーブでは、ハンドルを回す量に応じて手を持ち替える必要がある。

緩やかなカーブではハンドルの復元性を使うことも

走行中にハンドルを回すと、元に戻ろうとする力（復元性）が働く。緩やかなカーブなどで加速していない場合は、この力を利用してハンドルを戻すこともできる（手の中を滑らせるようにする）。

3 車両感覚

●車の大きさ

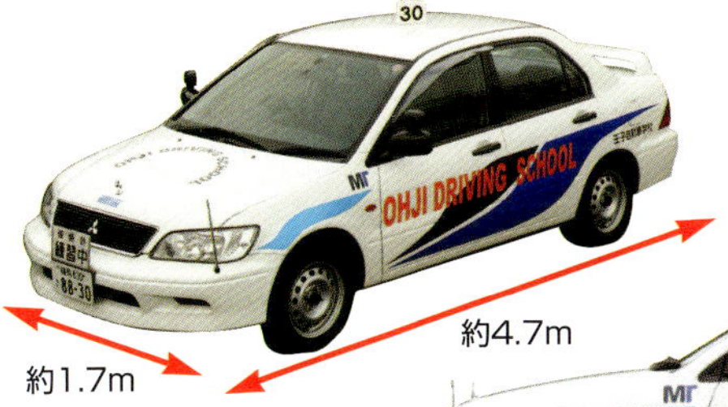
OHJI DRIVING SCHOOL
約4.7m
約1.7m

●一般的な乗用車の場合
車幅：約1.7m
車長：約4.7m

OHJI DRIVING SCHOOL
王子自動車学校
オーバーハング（前部）
約0.8m
ホイールベース
約2.7m
オーバーハング（後部）
約1.2m

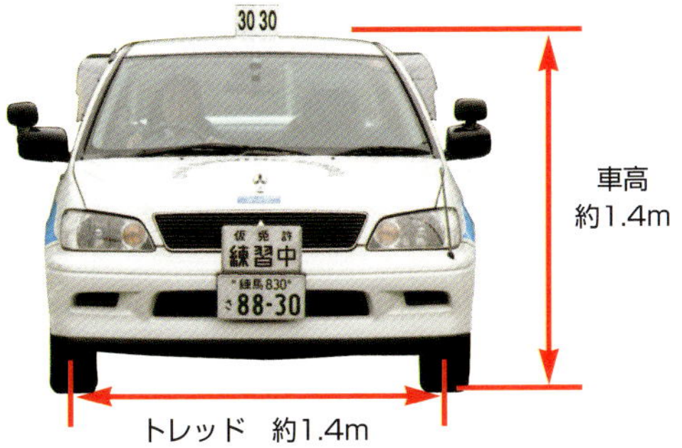
練習中
88-30
車高
約1.4m
トレッド　約1.4m

■運転席から見えない死角

助手席側は車2台分が死角になる。

後方は車2台分が死角になる。

●車体感覚と車輪感覚

車体とタイヤがどの位置にあるのか、また、その延長線がどのような軌跡を描くのかをイメージできるようにすることが大切だ。

■前方の見え方

ポール
タイヤの位置の延長線（黄線）
車幅の延長線（白線）

前方にある2本のポールの間隔は車幅と同じだが、運転席から見ると、非常に狭く見える。

車の先端を停止線に合わせて見る（近づいて見る）と、このように車幅と同じであることがわかる。

■後方の見え方

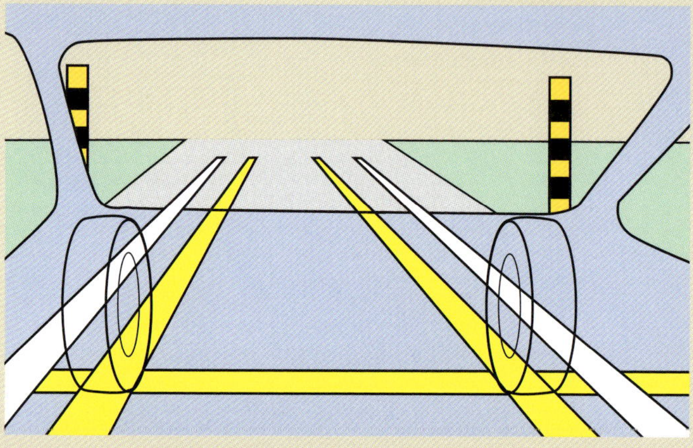

後方の見え方は前方よりもさらに視界が狭くなるので、なおさら車体感覚、車輪感覚を身につけることが重要になる。

●車両感覚を覚える練習

運転席から見た景色は、錯覚だらけだ。車体やタイヤの位置と運転席からの見え方を知っておこう。

左側いっぱいに寄せる

運転席から見ると

中央線を踏む

運転席から見ると

停止線に止める

運転席から見ると

失敗例

初心者は停止線の手前に止めてしまうことが多い。

MT AT

教習項目
6
時機をとらえた発進と加速

●タイミングのよい発進・加速とはどのようなものなのかを知ろう。
●安全を確かめ、素早い発進ができることはもちろんだが、それに続く力強い加速ができなければ後続車に迷惑をかけることになる。
●試験では加速不良は減点対象になる。

1 合図と安全確認

車を発進させるには、合図や安全確認を確実に行う必要がある。合図はこれから発進することを他車に知らせるためであり、安全確認はもちろん事故を起こさないためだ。

●発進の手順
①周囲の安全を確認する。
②右のウインカー（合図）を出す。
③ミラーで見えない死角を自分の目で確かめる。

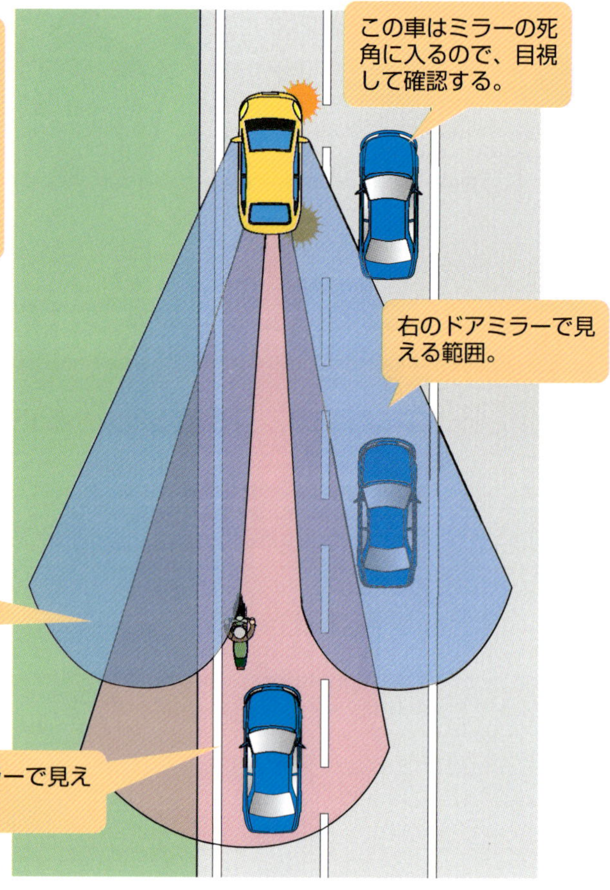

この車はミラーの死角に入るので、目視して確認する。
右のドアミラーで見える範囲。
左のドアミラーで見える範囲。
ルームミラーで見える範囲。

2 タイミングのよい発進の方法

発進するときにはいくつかの手順があるが、交通の流れを見て素早く発進するためには、これらの手順をスムーズに行うことが必要になる。

●MT車での発進の手順 MT

1 ギアをローに入れたら安全確認をする

タイミングを逃さずに発進するために、ローギアに入れておく。

2 合図を出して後方の安全確認をする

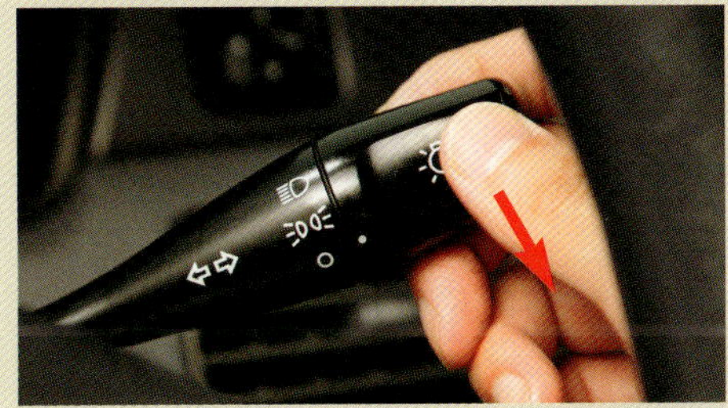

右のウインカーを出して、ミラーおよび目視で後方の安全確認をする。

3 ハンドブレーキを戻し、もう一度後方の安全確認を行う

発進準備ができたら、再度安全確認。ミラーの確認だけでなく、死角部分は必ず目視すること。

4 半クラッチにして発進に備える

飛び出さないように、半クラッチのままで発進に備える。

5 アクセルを踏み込んで発進する

エンストしないようにクラッチをつなぎ、アクセルを踏み込む。

●AT車での発進の手順 AT

1 Dレンジに入れ安全確認をする

タイミングを逃さずに発進するために、Dレンジに入れておく。

2 合図を出してハンドブレーキを戻し、もう一度後方の安全確認を行う

ミラーの確認だけでなく、死角部分は必ず目視して確認すること。

3 アクセルペダルに足をのせて発進に備える

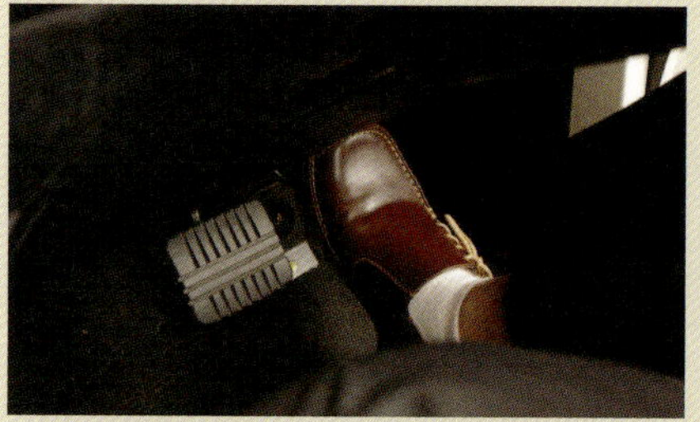

クリープ現象を確認し、発進のタイミングをはかる。発進前にミラーと目視で安全確認。

4 アクセルを踏み込んで発進する

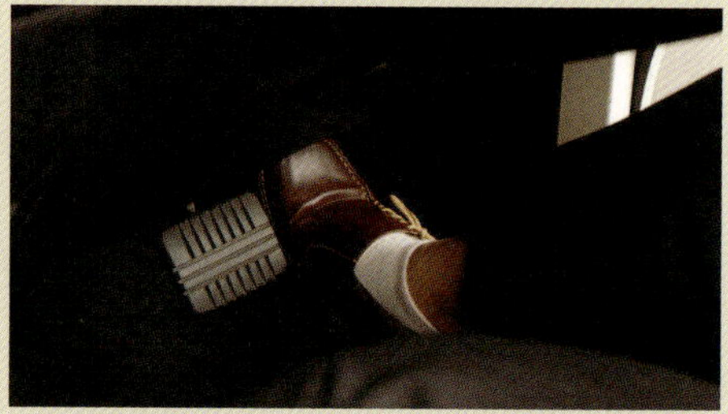

アクセルを踏み込む。急加速になって反対車線に飛び出さないように注意する。

●発進のタイミングの見きわめ方

交通の流れを乱さないように、発進のタイミングを見きわめよう。

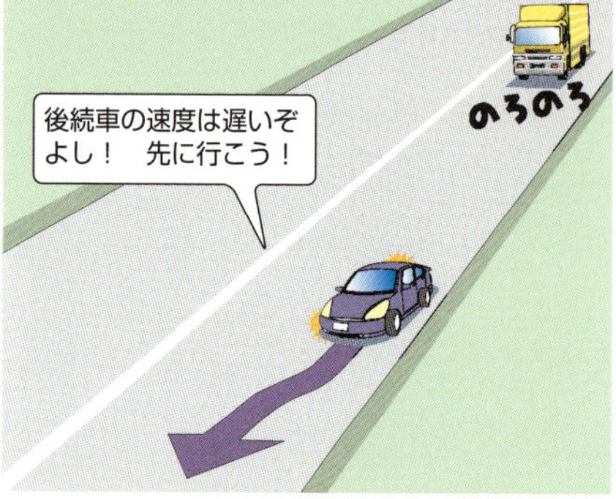
のろのろ
後続車の速度は遅いぞ
よし！　先に行こう！

かなり飛ばしているな
ここは先に行かせよう

3 加速のときの注意点

交通量のある大きな道路などでは、車の流れに合わせた速度まで上げる必要があるので、素早い加速を行う。

後続車との距離を見て、素早く発進し、流れに乗って走ること。

発進後の加速が上手にできないと、後続車に迷惑がかかる。

●短い距離で上手な加速を

短い距離で加速させるには、アクセルを一気に踏んで、素早く加速チェンジを行う。

MT AT

教習項目 7

目標に合わせた停止

●予定した位置に車を停止させるには、速度の下げ方と進路のとり方がポイント。
●急ブレーキと停止位置オーバーが初心者に多い失敗。
●早めに停止目標をとらえ、エンジンブレーキとフットブレーキによる速度の調節ができるまで練習しよう。

1 停止目標のとらえ方

停止目標を早めにとらえ、停止位置までの距離、自車のスピードなどを考慮して、減速する程度を判断し、きちんと余裕を持って止まれるようになることだ。

停止目標を早めにとらえ、確実に減速して停止位置で止まる。

停止線を早めに確認する。停止位置は車両感覚が大切になる。

失敗例

停止目標をとらえるのが遅いと、減速が上手にできなくなり停止位置からはみ出してしまうことが……。

2 速度の下げ方、進路のとり方、前方感覚のとらえ方

停止位置を確認したら、それに合わせて減速、進路変更を行う。また、止まるときにきちんと停止線に合わせるには前方感覚を養うことが重要になる。

MT車では
6
MT車ではクラッチを切る。
7 車の先端を停止線に合わせるように止める（57ページ参照）。
6
ブレーキを調節し、停止する。
4
ポンピングブレーキを使って減速する。
5 少しずつ左に寄せていく。
3
アクセルを戻し、エンジンブレーキを効かせつつ減速させる。
2 左ウインカー（合図）を出す。
1 停止目標をとらえ、距離を判断する。
失敗例
左に寄せるのが遅いと、斜めになってしまう。

MT　AT

教習項目 8

カーブや曲がり角の通行

●当たり前だが、カーブをスムーズに走行するには、カーブの曲がり具合に応じた適切な速度と進路をとることが大切。

●曲がり角では、内輪差を考えた走行位置をとらないと、後輪の乗り上げやガードレールにぶつけるなどして車体を損傷することにもなる。

1　曲がり具合のとらえ方

カーブの状況をいち早く的確にとらえ、適切な速度・進路をとる。

●カーブの曲がり具合の判断

●右カーブと左カーブの違い

右カーブ、左カーブを走行するときに目の錯覚に注意しよう。下の写真は同じカーブを両方向から走行したときのもの。違いに注目しよう。

左カーブ

左カーブは、比較的緩やかに感じるため、ハンドルを切るのが不足する傾向がある。

右カーブ

右カーブは、左カーブに比べきつく感じるため、ハンドルを切りすぎてしまう傾向がある。

●曲がり角での判断

曲がり角の状況をいち早く的確にとらえ、適切な速度・進路をとることが重要。とくに狭い曲がり角では、接近すると曲がり角付近の状況が死角で見えなくなる。

曲がり角が見えているうちに、タイヤや車体が通過していく軌道を判断して、走行する位置を決めておくことが大切だ。

曲がり角に近づきすぎてしまうと、道路の左前方などの状況が死角に入ってしまう。曲がる前に判断した走行位置を忘れないようにしよう。

●判断を誤ると……

カーブの走行位置の判断を誤ると、縁石への乗り上げや、塀やガードレールなどへの接触を引き起こすことになる。

失敗例①　乗り上げ

失敗例②　接触

2 速度とギアの選び方（カーブ）

カーブの走行では「スローイン・ファストアウト（ゆっくりカーブに入って素早く抜ける)」が基本となる。カーブ手前での十分な減速と曲がり終えてからの加速に慣れておこう。

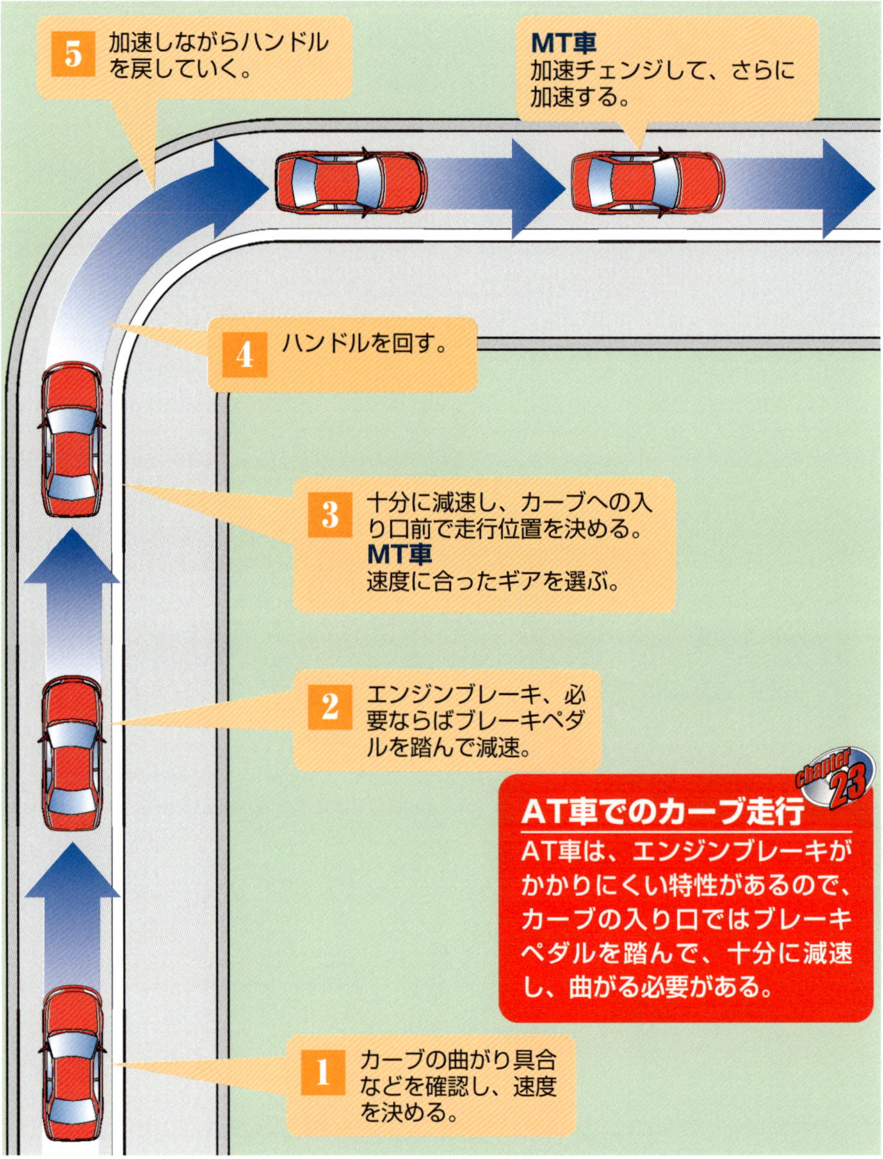
5 加速しながらハンドルを戻していく。
MT車
加速チェンジして、さらに加速する。
4 ハンドルを回す。
3 十分に減速し、カーブへの入り口前で走行位置を決める。
MT車
速度に合ったギアを選ぶ。
2 エンジンブレーキ、必要ならばブレーキペダルを踏んで減速。
1 カーブの曲がり具合などを確認し、速度を決める。
chapter 23

AT車でのカーブ走行

AT車は、エンジンブレーキがかかりにくい特性があるので、カーブの入り口ではブレーキペダルを踏んで、十分に減速し、曲がる必要がある。

3 走行位置と進路（曲がり角）

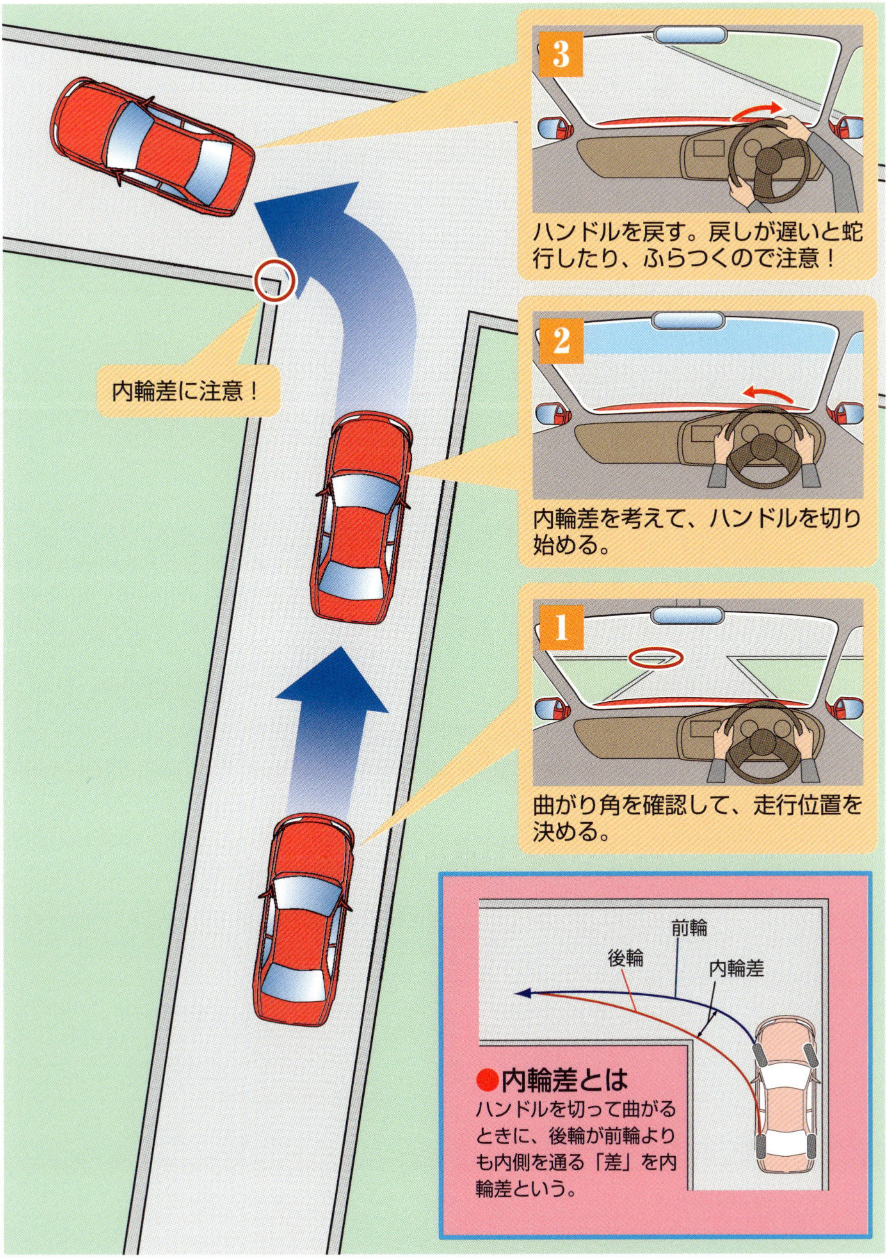

1 曲がり角を確認して、走行位置を決める。

2 内輪差を考えて、ハンドルを切り始める。

3 ハンドルを戻す。戻しが遅いと蛇行したり、ふらつくので注意！

●内輪差とは

ハンドルを切って曲がるときに、後輪が前輪よりも内側を通る「差」を内輪差という。

MT AT

教習項目

9 坂道の通行

●坂道の通過では、こう配に応じた速度とギアを選ぶことが大切。
●急な坂では低速ギアにして走行する。
●MT車の坂道発進はアクセルをやや多めに踏み、半クラッチが維持できれば下がることなく発進できる。半クラッチはエンジンの音が変わることで覚える。

1 上り坂での速度とギア

●短く緩い坂

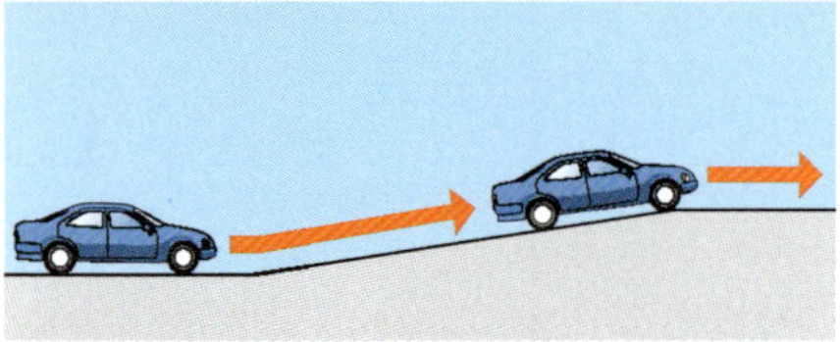

減速チェンジしないでそのまま走行する。AT車ではDレンジのままでよい。

●急な坂

坂の手前で低速ギアにする。AT車ではDレンジのまま、速度が落ちたら徐々にアクセルを踏み込む。

●上り坂の途中で減速チェンジするとき

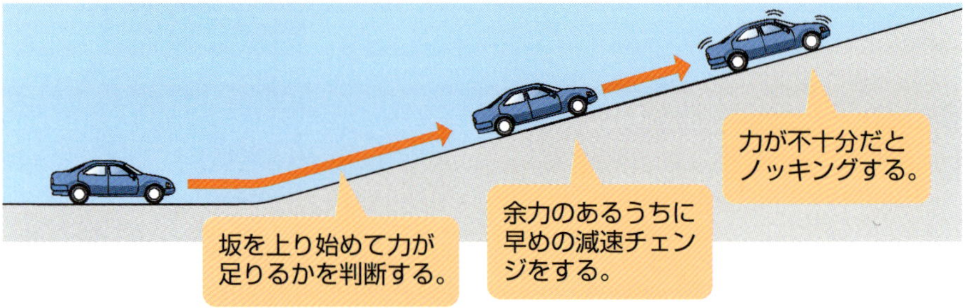
坂を上り始めて力が足りるかを判断する。
余力のあるうちに早めの減速チェンジをする。
力が不十分だとノッキングする。

●上り坂の途中で加速チェンジするとき

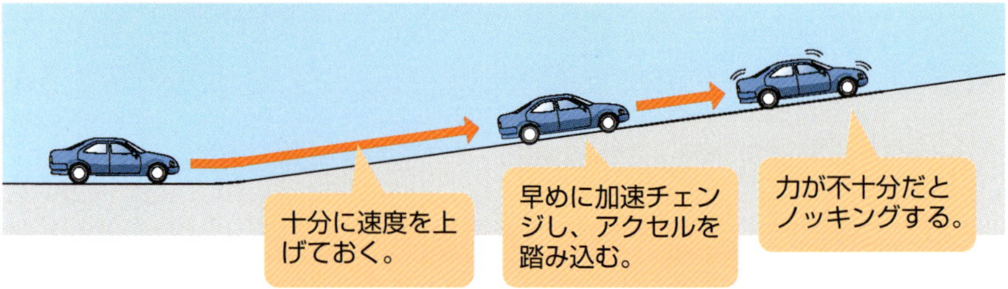
十分に速度を上げておく。
早めに加速チェンジし、アクセルを踏み込む。
力が不十分だとノッキングする。

●坂の頂上付近まで来たら

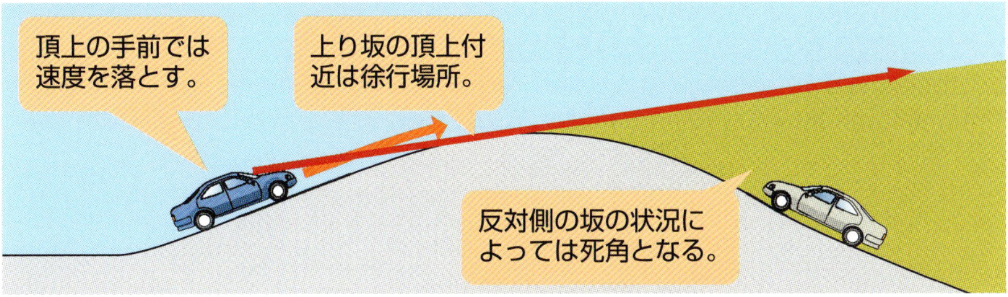
頂上の手前では
速度を落とす。
上り坂の頂上付
近は徐行場所。
反対側の坂の状況に
よっては死角となる。

2 下り坂での速度とギア

●短く緩い坂

MT車はトップギアかサードギア。
AT車は[D]か[3]。

●急な坂

MT車はセカンドギアかローギア。
AT車は[2]か[1]。

●長い坂を下るとき

エンジンブレーキを効果的に使う。フットブレーキに頼りすぎるとフェード現象やベーパーロック現象の危険がある。上り坂で使ったギアを選択すれば、十分にエンジンブレーキが効く。

●フェード現象とは
下り坂でフットブレーキを使いすぎると、過熱によってブレーキパッドの摩擦力が低下し、ブレーキが効かなくなる現象。

●ベーパーロック現象とは
過熱したブレーキパッドの熱により、ブレーキ液の中に気泡が生じるためブレーキが効かなくなる現象。

3 坂の途中での停止

chapter 7 chapter 24

●上り坂での停止 MT

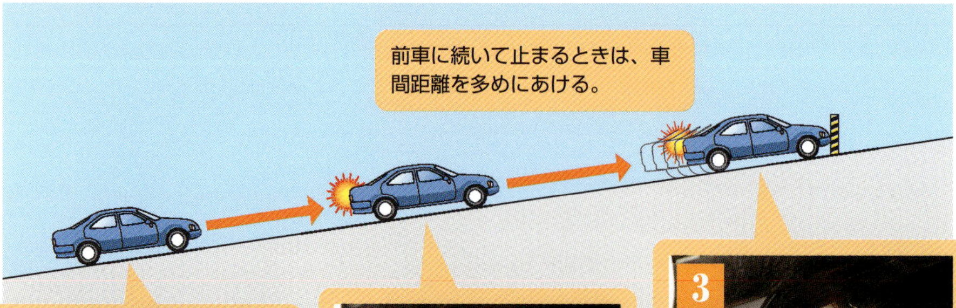
前車に続いて止まるときは、車
間距離を多めにあける。

1

アクセルを徐々に戻して速度を落とす。急に戻すとすぐに遅くなる。

2

停止目標に合わせ、ブレーキを踏む。軽く踏み込むこと。

3

クラッチをやや遅めに切ってブレーキを軽く踏んで止まり、止まったら下がらないようにやや強めに踏んでおく。クラッチを切り遅れないように注意。

●下り坂での停止 MT

前車に続いて止まるときは、車
間距離を多めにあける。

1

アクセルペダルからブレーキペダルに右足を移す。

2

停止目標に合わせ、止まれるような速度まで落とすようにブレーキを緩やかに踏む。

3

クラッチはやや早めに切る。前に進まないようにブレーキをやや強く踏んで止まる。

●上り坂での停止 AT

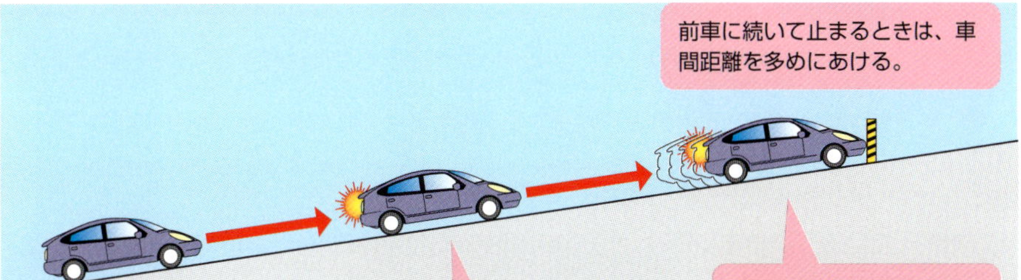
前車に続いて止まるときは、車間距離を多めにあける。

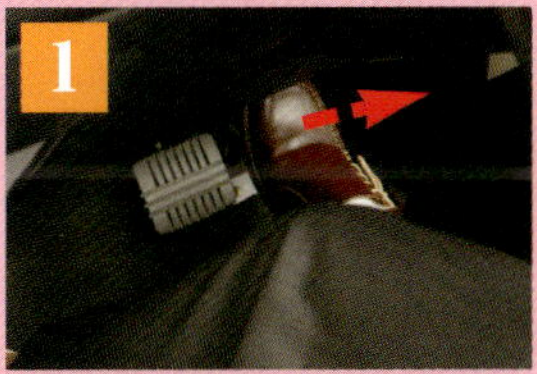
1

アクセルを徐々に戻して速度を落とす。

2

停止目標に合わせ、ブレーキを軽く踏む。

3 後ろに下がらないようにブレーキを踏んで止まる。
手前で止まりそうな場合はアクセルを軽く踏んで停止位置を調節する。

●下り坂での停止 AT

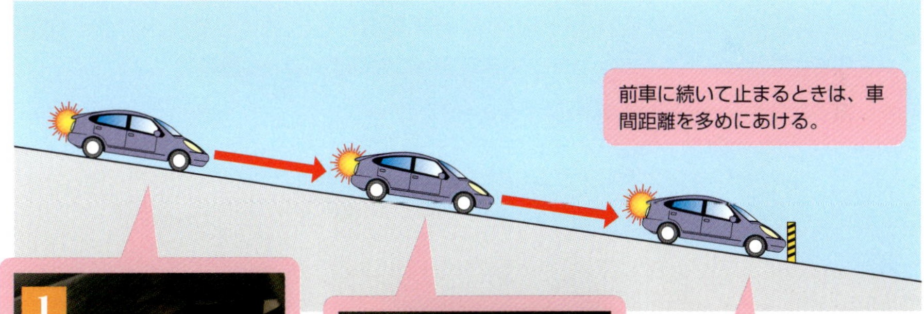
前車に続いて止まるときは、車間距離を多めにあける。

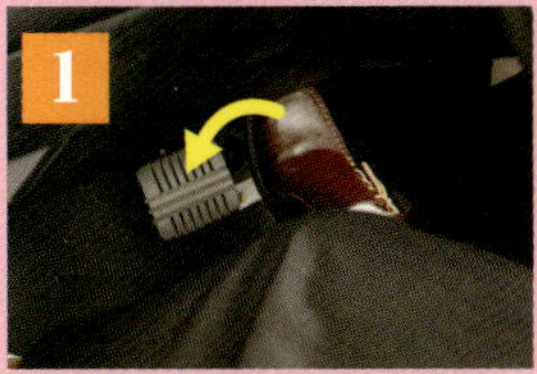
1

アクセルペダルからブレーキペダルに右足を移す。坂の角度によっては加速してしまうこともあるので、平地よりも早めにブレーキを踏むこと。

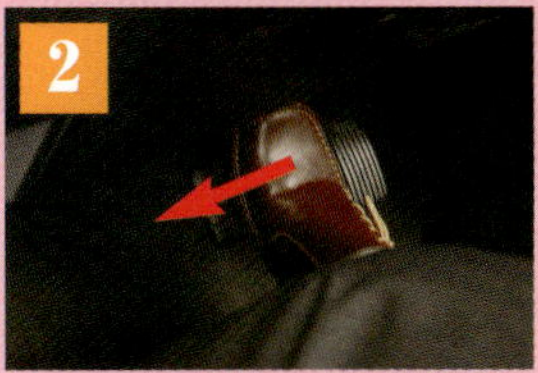
2

停止目標に合わせて止まれるような速度まで落とすようにブレーキを踏む。

3 ブレーキをやや強めに踏んで止まる。ブレーキを踏むタイミングが遅かったり、踏み込みが弱いと停止位置をオーバーしてしまう。

4 坂道発進の方法

chapter 8 chapter 24

坂道発進では、ハンドブレーキを使う方法（こう配の急な坂の場合など）と使わない方法（緩やかな坂の場合など）がある。どちらもしっかりマスターしよう。

●上り坂の途中からの発進　MT

■ハンドブレーキを使う場合（急な上り坂）

1 ハンドブレーキを引く

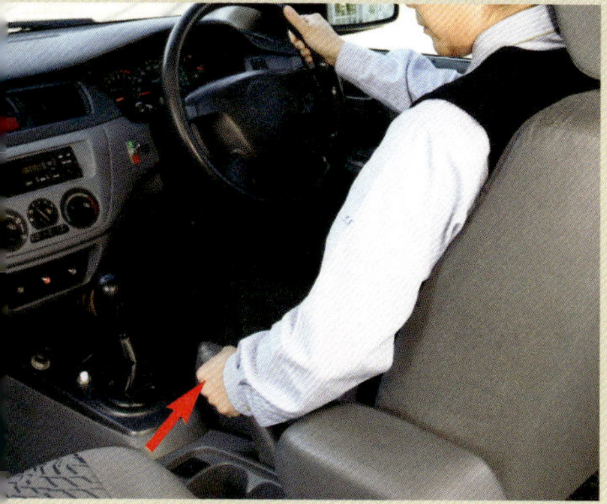

ブレーキ警告灯でハンドブレーキがかかったことを必ず確認する。

2 ギアをローに入れる

発進は必ずローギアで行う。他のギアでは力が足りない。

3 アクセルを多めに踏んで半クラッチにする

アクセルペダルをやや多めに踏んで半クラッチにする。エンジンの音や振動でも確かめよう。

4 周囲の安全を確認する

ミラー、目視により安全を確認する。とくに後方に注意。

5 半クラッチを維持し、ハンドブレーキを戻す

後退しないように、アクセルペダルの踏み加減に注意する。

6 アクセルペダルを踏み、クラッチを戻して発進する

エンストしないように、さらにアクセルペダルを踏み、クラッチペダルを静かに戻す。

■ハンドブレーキを使わない場合（緩やかな上り坂）

1 ギアをローに入れる

発進は必ずローギアで行う。他のギアでは力が足りない。

2 周囲の安全を確認する

ミラーの確認だけでなく、死角部分、後方は必ず目視すること。

3 ブレーキペダルからアクセルペダルに素早く踏み替え、半クラッチにする

アクセルペダルをやや多めに踏んでおく。

4 さらにアクセルペダルを踏み、クラッチを戻して発進する

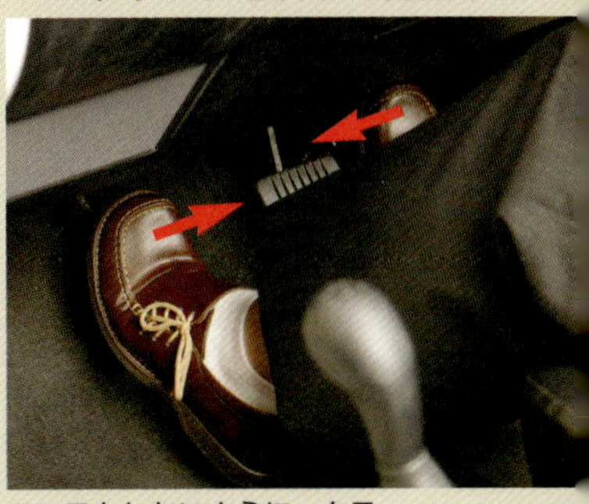

エンストしないように、クラッチペダルを静かに戻す。

●上り坂の途中からの発進　AT

■ハンドブレーキを使った場合

1 ハンドブレーキを引く

ハンドブレーキを引く。ブレーキペダルをしっかりと踏んだままにしておく。

2 Dレンジに入っているか確認する

Dレンジに入っていることを自分の目で確かめる。

3 周囲の安全を確認する

ミラー、目視により安全を確認する。とくに後方に注意。

4 ブレーキペダルから アクセルペダルに踏み替える

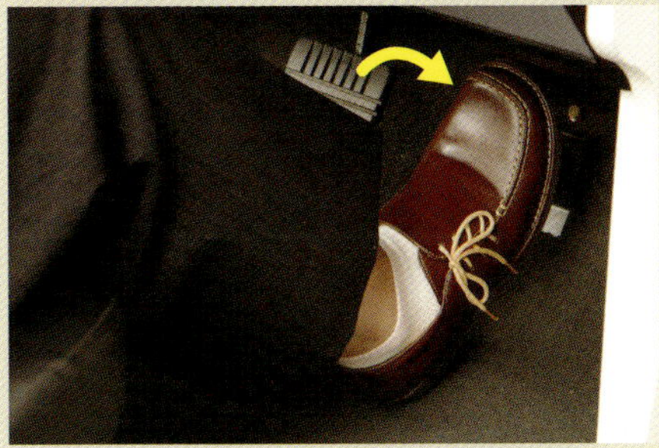

このときアクセルペダルを軽く踏んでおく。

5 ハンドブレーキを戻す

ブレーキ警告灯の消灯を確認すること。

6 アクセルペダルを踏み、発進する

坂のこう配があるところでは強めにアクセルを踏む。

クリープ現象に頼りすぎると……

こう配のきつい坂では、クリープ現象で前に進む力よりも重力のほうが強いので、車が後退する（下がる）ことがある。

■ハンドブレーキを使わない場合

1 Dレンジに入っているか確認する（ブレーキは踏んだまま）

Dレンジに入っていることを自分の目で確かめる。

2 周囲の安全を確認する

ミラーの確認だけでなく、死角部分は必ず目視すること。とくに後方に注意。

3 ブレーキペダルから アクセルペダルに 素早く踏み替えて 発進する

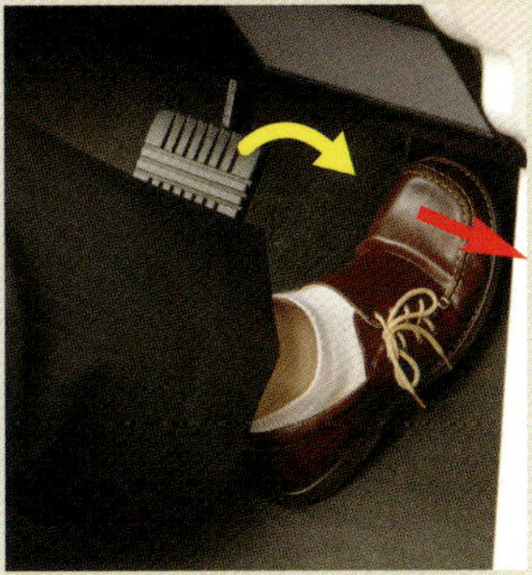

坂のこう配があるところでは強めにアクセルを踏む。

5 下り坂での発進

■MT車の下り坂での発進 MT

1速（ローギア）か2速に入れ、クラッチを切ったままブレーキを緩め発進する。

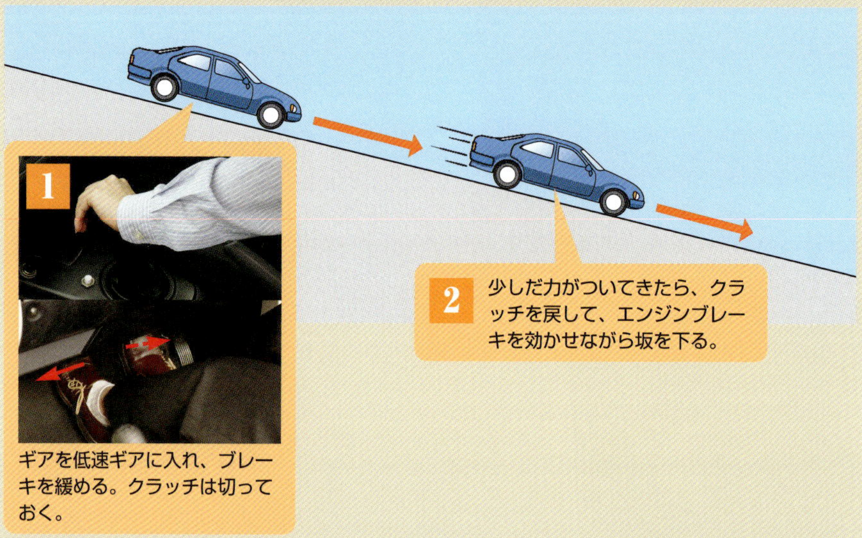
1
ギアを低速ギアに入れ、ブレーキを緩める。クラッチは切っておく。
2
少しだ力がついてきたら、クラッチを戻して、エンジンブレーキを効かせながら坂を下る。

■AT車の下り坂での発進 AT

坂のこう配がきつい場合は、3か2に入れて下る。

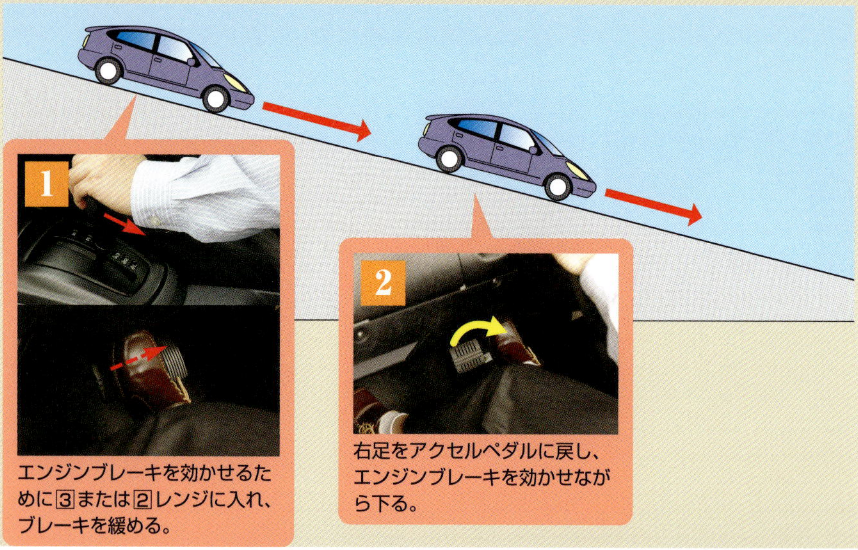
1
エンジンブレーキを効かせるために3または2レンジに入れ、ブレーキを緩める。
2
右足をアクセルペダルに戻し、エンジンブレーキを効かせながら下る。

教習項目 10

後退（バック）

●後退で気をつけなくてはならないのは、運転席から見えない死角が前進に比べ多く広範囲になること。
●運転姿勢のとり方、視点の配り方、進路のとり方と修正の仕方など、後退（バック）は前進とは違う難しさがある。

1 後退するときの安全確認 chapter 9

運転席から見えない死角に注意しよう。

自車の後方にあるパイロンは運転席からは見ることができない。

●運転姿勢のとり方

運転席の窓から見る姿勢

左手をハンドル上部に、できるだけ顔を出す。それでも見にくい場合は、ひじを出すなどして大きく乗り出し、しっかりと確認すること。

後部窓から見る姿勢

顔を後ろに向ける。左手は助手席の後ろにまわす。右手はハンドル上部12時の位置。

●視点の配り方、視野のとり方

運転席の窓から見る場合

車のずれがわかりやすく、走行位置をつかみやすい。ただし、車の左後方は見えにくい。

後部窓から見る場合

後方全体を見通せるが視野が狭く、車のずれがわかりにくい。

2 速度調節の方法

chapter 9
chapter 25

MT

バックギアに入れ、半クラッチ、断続クラッチを使って遅い速度を保つ。

AT

ブレーキを踏んだままチェンジレバーをⓇレンジに入れ、ブレーキペダルでクリープ現象を押さえるようにしながらゆっくりと後退する。

断続クラッチ

クラッチペダルを踏み込んだり戻したりして、クラッチを細かく切ったりつないだりする操作をいう。

3 進路のとり方と修正

chapter 10

まっすぐ後退するときはハンドル操作は不要。左に曲がり始めたら右にハンドルを切る。右に曲がり始めたら左にハンドルを切る。

4 方向の変え方（直角バック） chapter 11

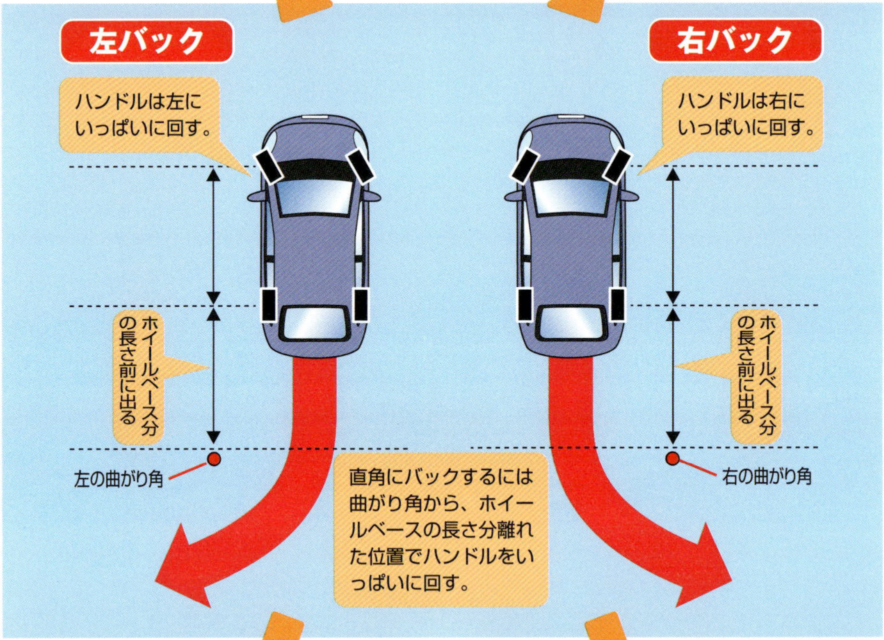
左バック
ハンドルは左に
いっぱいに回す。
ホイールベース分
の長さ前に出る
左の曲がり角
右バック
ハンドルは右に
いっぱいに回す。
ホイールベース分
の長さ前に出る
右の曲がり角
直角にバックするには
曲がり角から、ホイー
ルベースの長さ分離れ
た位置でハンドルをい
っぱいに回す。

OHJI DRIVING SCHOOL

左の後輪を曲がり角に近づけていく。

OHJI DRIVING SCHOOL

右の後輪を曲がり角に近づけていく。

MT AT

教習項目 11 狭路の通行

●狭路の通行とは、いわゆるS型コース・クランク型コースを通ることをいう。
●狭い道路での車両感覚、適切な進路と速度での通行を学ぶ。
●最初のうちは、車を降りて確かめながら車両感覚、走行位置を身につけていくとよい。

1 狭路のコース形状

●S型コース

内輪差に注意して車を誘導していく。カーブの外側を通るイメージで走行するとよい。

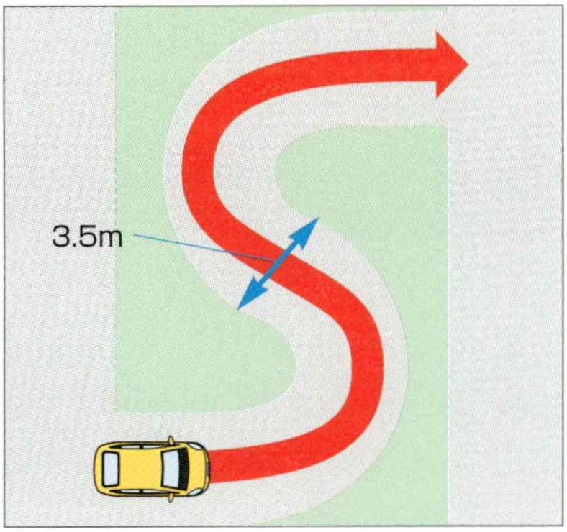

●クランク型コース

S型コースよりも曲がり角がきついため、ハンドル操作が忙しい。直角に曲がるというよりもS字を描くようなイメージで通るとよい。

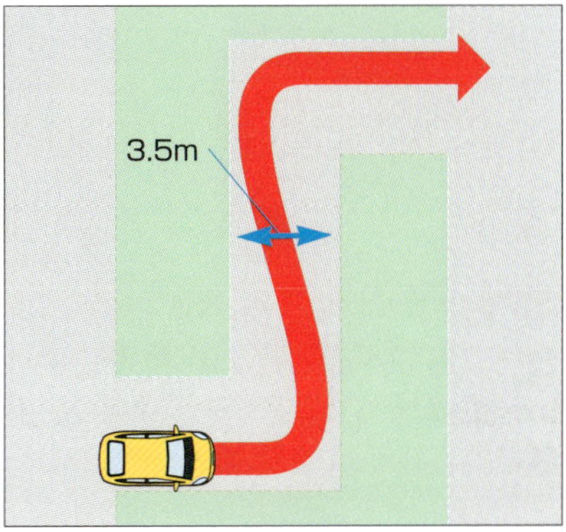

2 視点の配り方、視野のとり方

狭路を通行するときには、車の前だけでなく、前方の状況を先へ先へと目を配ってとらえておくことが大切になる。

●S型コース chapter 12

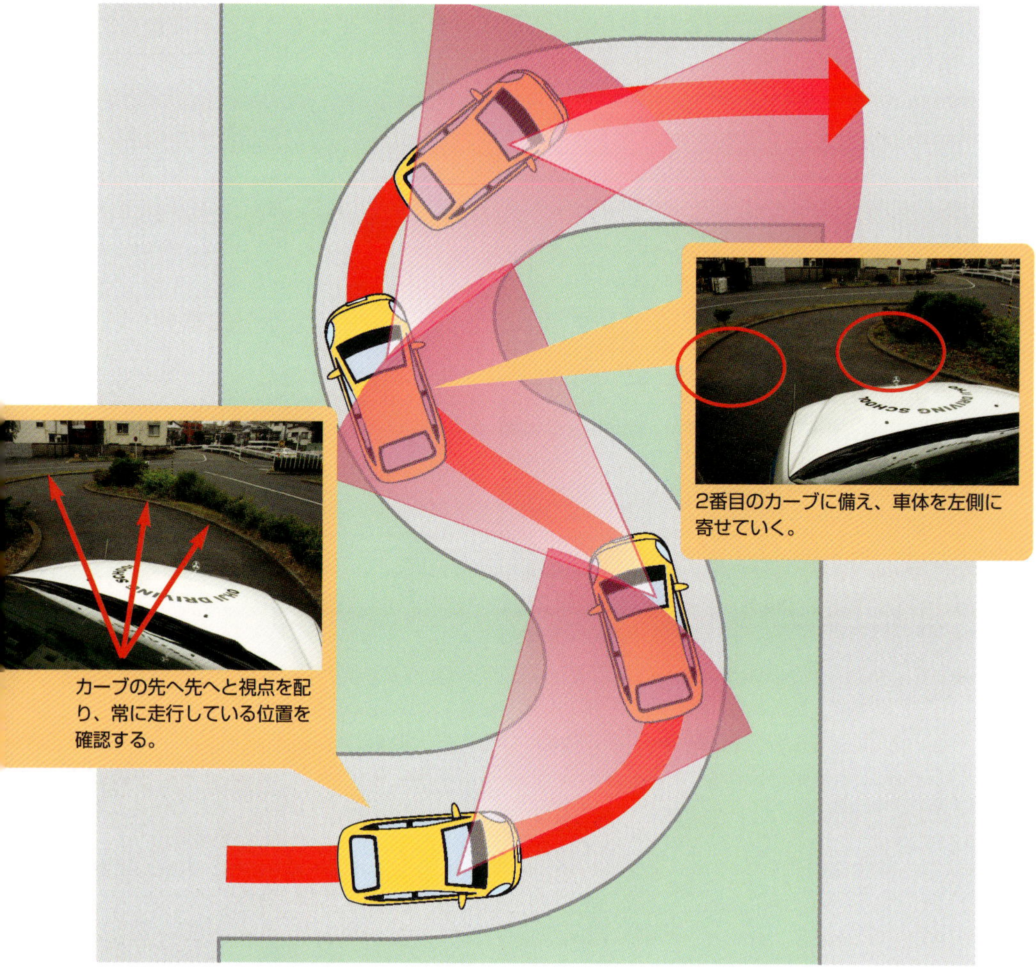

カーブの先へ先へと視点を配り、常に走行している位置を確認する。

2番目のカーブに備え、車体を左側に寄せていく。

■内輪差を考えて通行しよう

カーブを曲がるとき、内輪差によって車の後輪は前輪よりもカーブの中心点に近い位置を通る（67ページ参照）。狭路の通行では、常にこの内輪差を意識していないと、縁石に乗り上げたり、ポールなどに衝突してしまうので、注意しよう。

●クランク型コース chapter 13

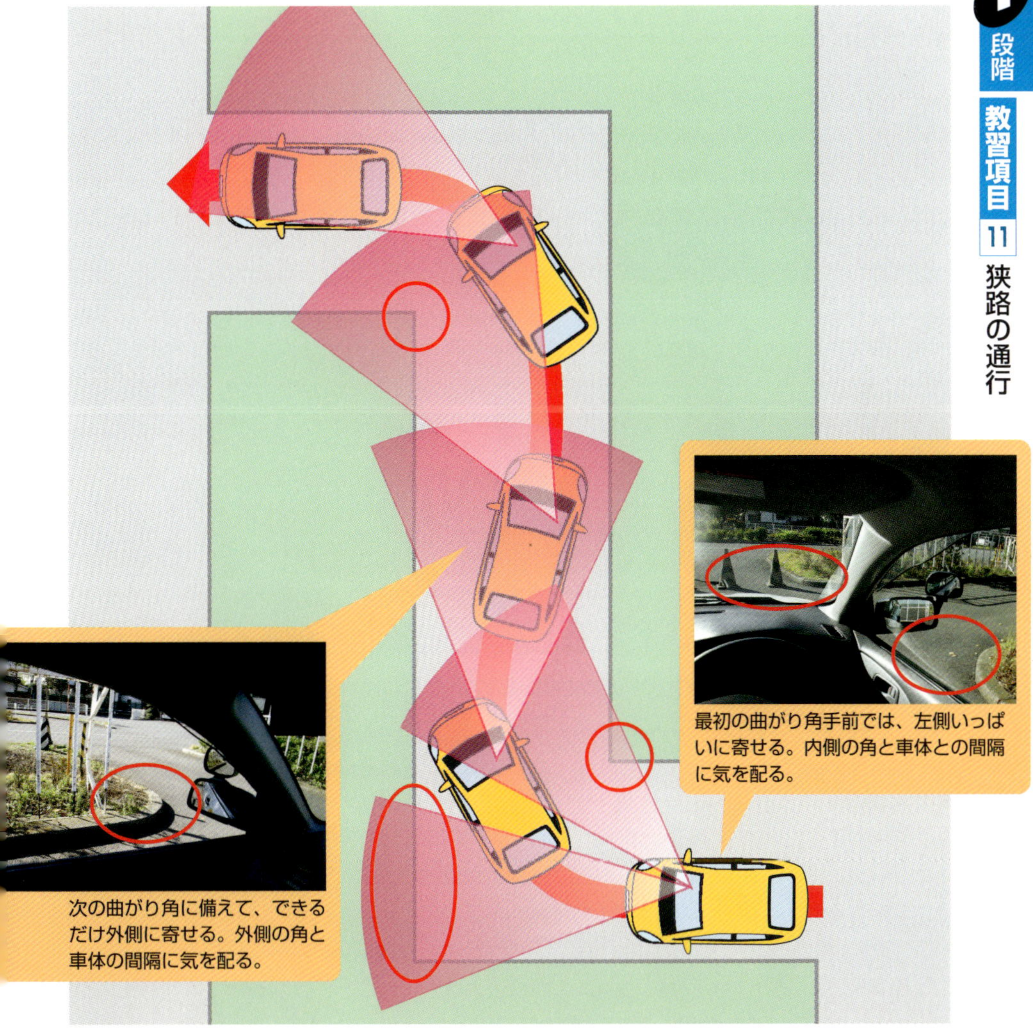

最初の曲がり角手前では、左側いっぱいに寄せる。内側の角と車体との間隔に気を配る。

次の曲がり角に備えて、できるだけ外側に寄せる。外側の角と車体の間隔に気を配る。

3 狭路通行での速度調節

狭路コースは、ゆっくりと進むことが必要になる。MT車では半クラッチや断続クラッチ（AT車ではクリープ現象）を使い、できるだけゆっくりと進むようにしなければならない。

4 進路修正と切り返し chapter 14

初心者の場合、車両感覚やハンドルの操作に慣れていないため、次のような失敗をする場合がある。失敗してもあわてずに切り返しをしてやり直せばよい。

失敗例① 後輪が通れない

●考えられる失敗の原因

①ハンドル操作のタイミングが早かった。
②ハンドルを切る量が多すぎた。
③内輪差を考えていなかった。

原因は小回り！

失敗例② 前輪が通れない

●考えられる失敗の原因

①ハンドル操作のタイミングが遅かった。
②ハンドルの切る量が足りなかった。
③速度が速すぎた。

原因は大回り！

●切り返し

■右後輪が通れないとき

1 後方の安全と後退できる距離を確かめる

2 ハンドルはそのままの位置でバックする

3 車と道路が平行になるようにハンドルを戻していく

4 内側の適切な間隔を確認しつつ通過する

■左前輪が通れないとき

1 後方の安全と後退できる距離を確かめる

2 ハンドルを進行方向と逆に切ってバックする

3 ハンドルを進行方向へ切り返して止まる

4 外側の適切な間隔を確認しつつ通過する

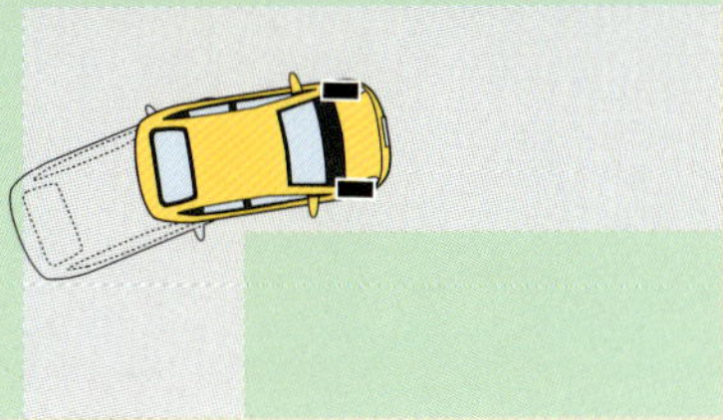

S型コースの切り返し（応用編）は chapter 15 を参照しよう！

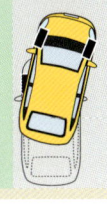

MT AT

教習項目

12 通行位置の選択と進路変更

- 片側2車線、片側3車線以上の道路を走行する場合、進路変更をしなければならないときは必ずある。
- 進路変更をスムーズに行うには安全確認と合図の時機がポイント。
- 安全確認はミラーだけでなく目視をして死角の部分を確かめる。

1 正しい通行位置

●左寄りを通行する（キープレフト）が基本！

●車線のない道路

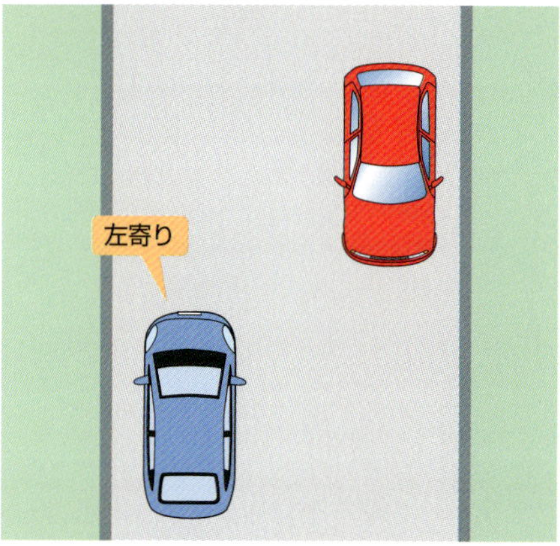
左寄り

●片側1車線の道路

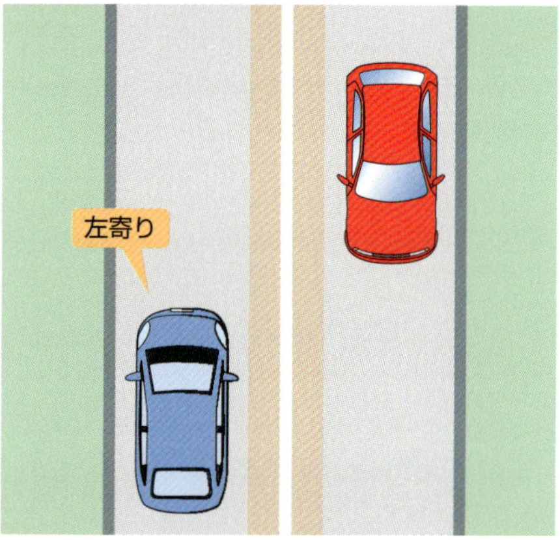
左寄り

●片側2車線の道路

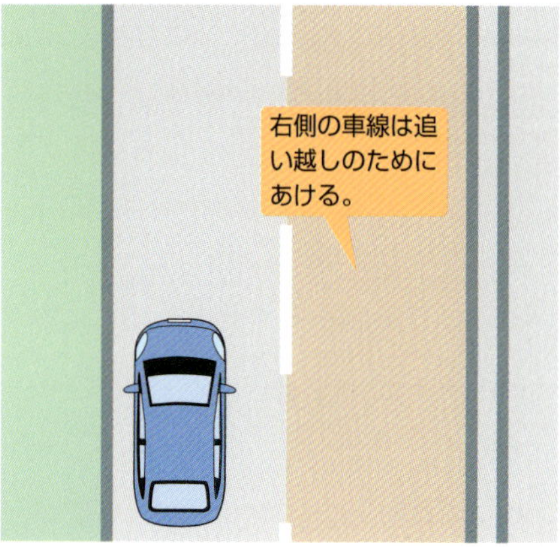
右側の車線は追い越しのためにあける。

●片側3車線以上の道路

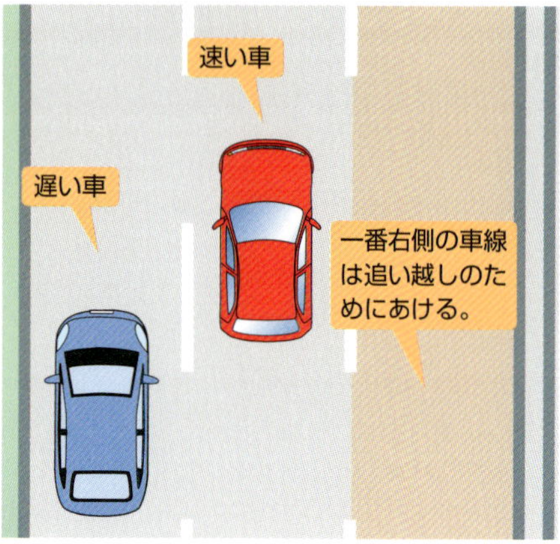
速い車
遅い車
一番右側の車線は追い越しのためにあける。

2 進路変更

●進路変更が必要なとき

●発進するとき

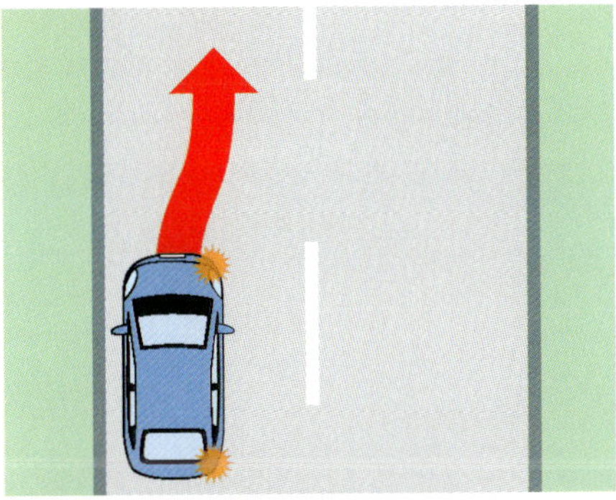

●駐停車するとき

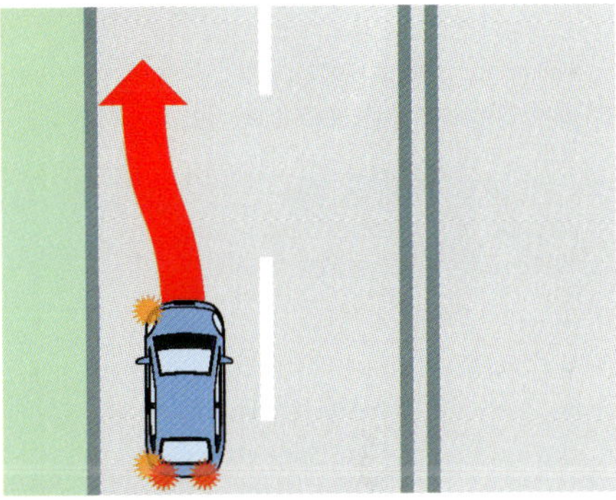

●駐車車両を避けるとき

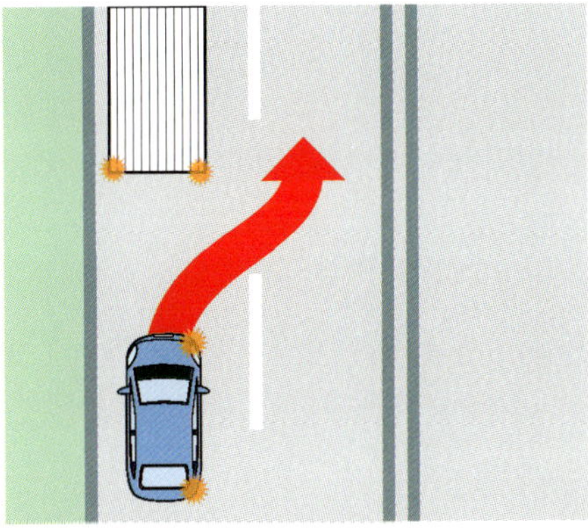

●追い越しするとき

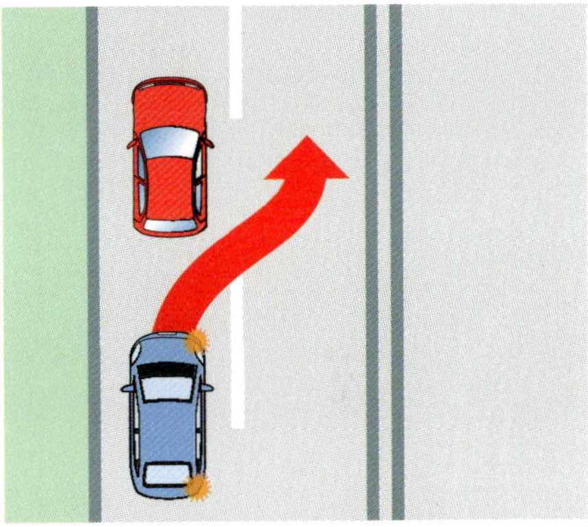

●右左折するとき

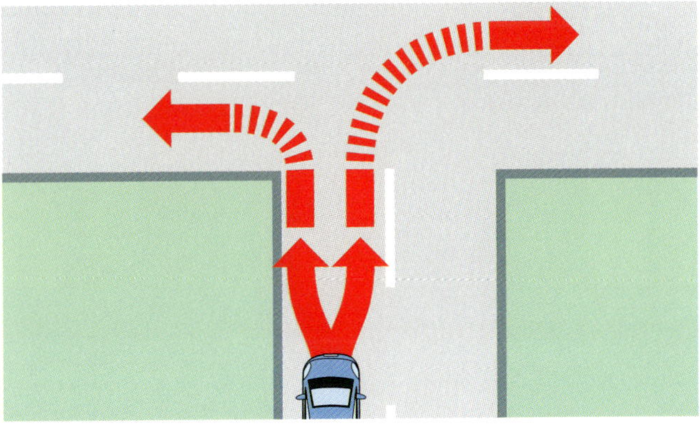

●進路変更するときの安全確認と合図の出し方

chapter 16

■右へ進路変更する

前方の駐車車両を避ける場合

1 進路変更をする3秒前に右ウインカーを出す。

対向車や後続車の接近がないかをミラー、目視で確認。

2 進路変更を始め、避け終わると同時に左にウインカーを出す。

3 ミラー、直接目視で安全確認を行い元の進路に戻る。

4 元の進路に戻ったら合図をやめる。

■左へ進路変更する

前方に右折車両があるときなど

1 進路変更をする3秒前に左ウインカーを出す。

後続車が接近していないか、ミラー、目視で確認。

2 進路変更を始める。

3 避け終わると同時に合図をやめる。

※この写真は片側2車線の道路とした場合を想定しています。

3 四輪車・二輪車の視覚特性

■四輪車から見た二輪車

ミラーには映るが、小さく見落としやすい。

ミラーの死角に入ってしまい、ミラーに二輪車は映らない。

二輪車の方向指示器が見えにくい。

四輪車から二輪車は見えるが、二輪車は四輪車が見えていないこともある。

■二輪車から見た四輪車

四輪車はこちらの存在に気づいていないこともある。

四輪車の死角に入って、四輪車のミラーに二輪車は映らない。

四輪車の方向指示器が見えにくい。

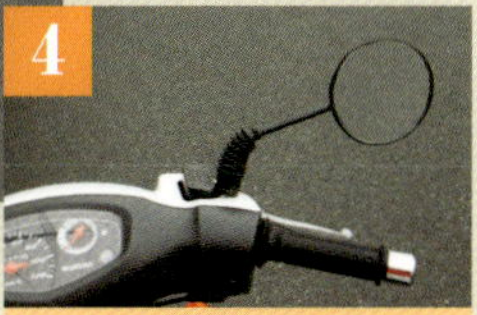

ミラーで四輪車の確認ができないこともある。

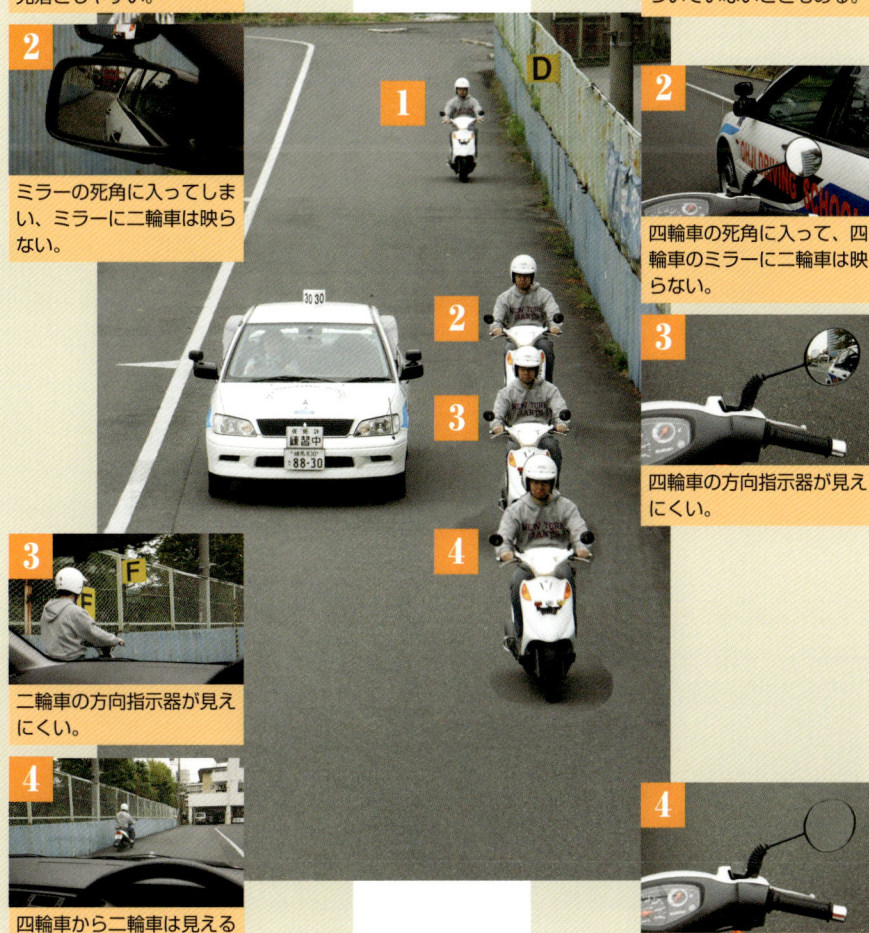

MT AT

教習項目

13 障害物への対応

- 自分の車の進行している道路上に、駐車車両や道路工事をしている箇所がある場合、これらの障害物への対応をしなくてはならない。
- 障害物を避けるために、対向車線にはみ出す進路変更が必要になるケースもある。
- 障害物の状況を素早く読みとり、安全な進路と速度を選ぶこと。

1 障害物と周辺の情報の読みとり方

実際の道路では、駐車車両や工事現場などが進路の前方にあり、その側方を通過しなければならない状況が、ごく普通にある。その場合に、周囲の情報を素早く読みとって安全な速度、進路をとるようにしなければならない。

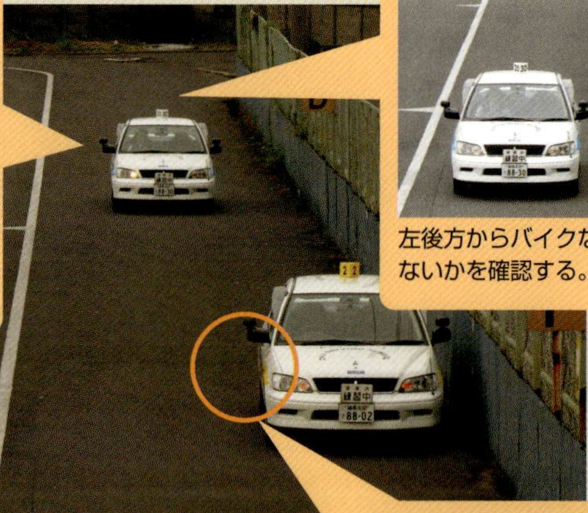

進路変更をする場合は、側方や後方の安全をミラー、目視で確認する。

左後方からバイクなどが接近していないかを確認する。

対向車線に対向車があるかないかを確かめる。対向車線にはみ出さなければならない場合は行き違いができない。

駐車車両が突然ドアを開けたりしないかを予測する。

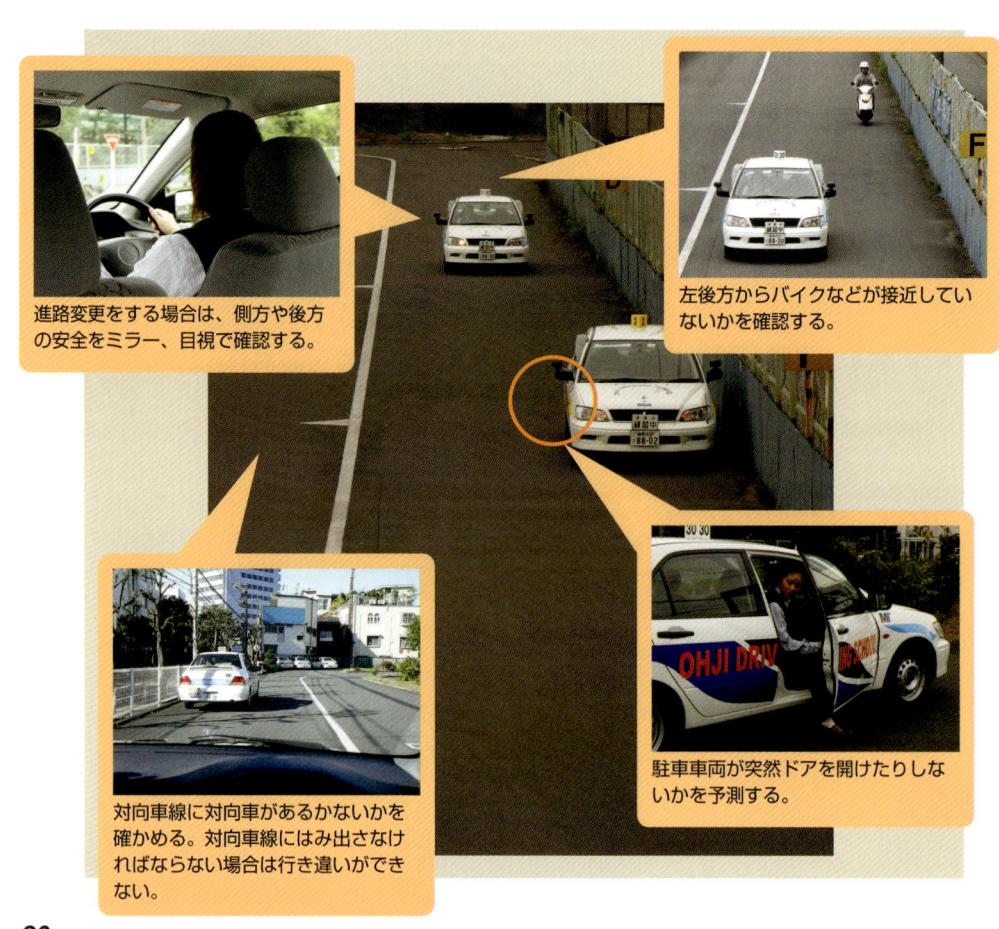

2 進路変更できるかの判断

障害物を避ける場合には、その側方を通過するときの間隔や速度に注意しなければならない。また、進路変更のタイミングの判断が重要になる。

●先に通る

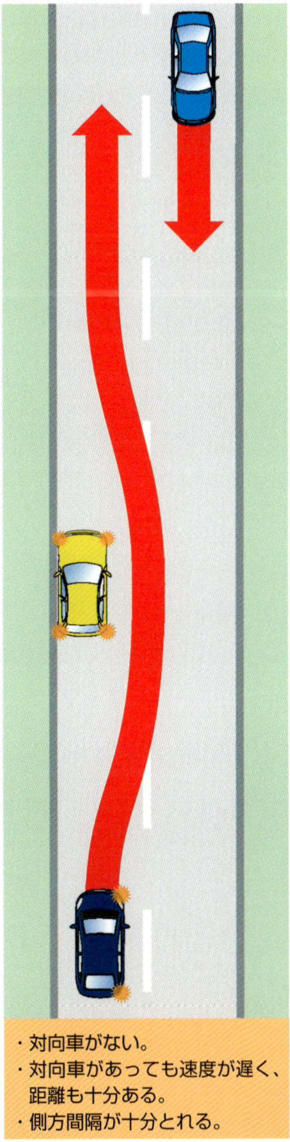

- 対向車がない。
- 対向車があっても速度が遅く、距離も十分ある。
- 側方間隔が十分とれる。

●一時停止する

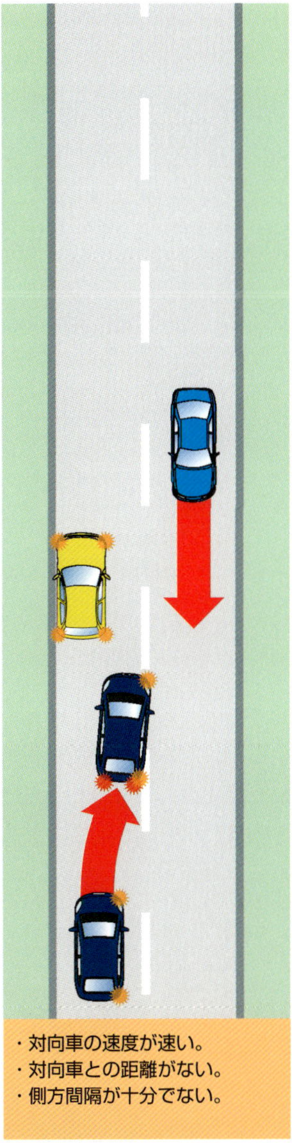

- 対向車の速度が速い。
- 対向車との距離がない。
- 側方間隔が十分でない。

●徐行して通過

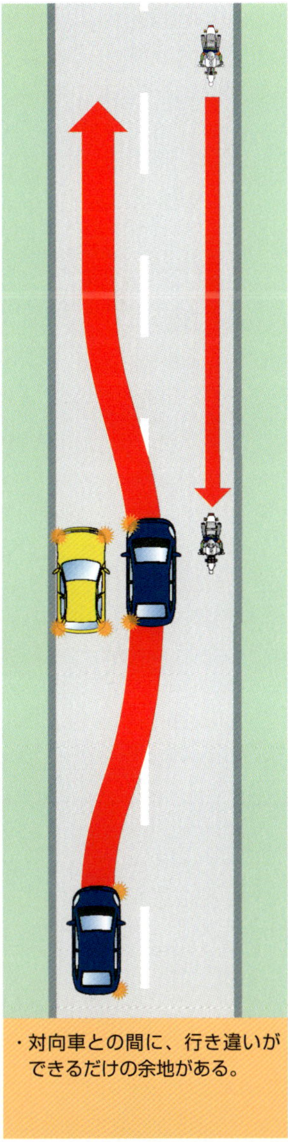

- 対向車との間に、行き違いができるだけの余地がある。

3 進路変更と戻り方

障害物を避ける場合でも、教習項目12で学んだ進路変更の手順通りに、合図、安全確認、安全な走行位置、安全な速度を守ること。

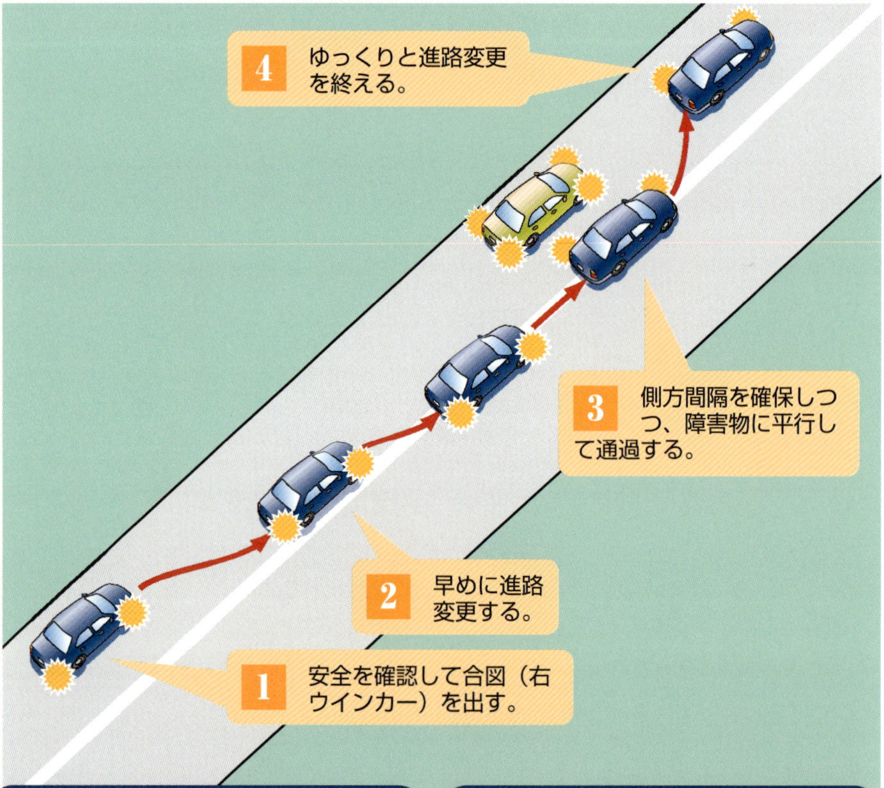
4 ゆっくりと進路変更を終える。
3 側方間隔を確保しつつ、障害物に平行して通過する。
2 早めに進路変更する。
1 安全を確認して合図（右ウインカー）を出す。

悪い例①

障害物との間隔を必要以上にあけるとハンドル操作が多くなり避けにくくなる。

悪い例②

障害物に近づきすぎると急ブレーキや急ハンドルになって危険だ。

教習項目 14

MT AT

標識・標示に従った走行

- 道路を走る車は標識・標示に従った走行をしなければならない。
- 道路上にある標識・標示を素早く読みとり、それに従った走行ができることが求められる。学科で得た知識を試してみよう。

1 標識・標示の見方

自分の車の運転行動は、標識・標示に従ったものでなくてはならない。標識・標示を見落とすことのないようにしよう。

2 標識・標示に従った走行

所内コースでの練習でも標識・標示に従った運転をしなければならない。

MT AT

教習項目

15 信号に従った走行

●信号に従った走行をすることはもちろんだが、信号の変わり目などの判断が正しくできないと安全な運転にならない。
●信号前で急ブレーキをかけて停止するのは予測と判断ができていないから。
●目前の信号だけでなく先の信号まで見通すゆとりを持った運転が求められる。

1 信号をとらえる時機

目前の信号だけでなく、先の信号を見て交通の流れを把握する。

●前車が大型車で追従する場合

信号が見えるだけの車間距離をとる。

悪い例

接近しすぎると、信号機が見えない。

2 信号の変わり目の予測と判断

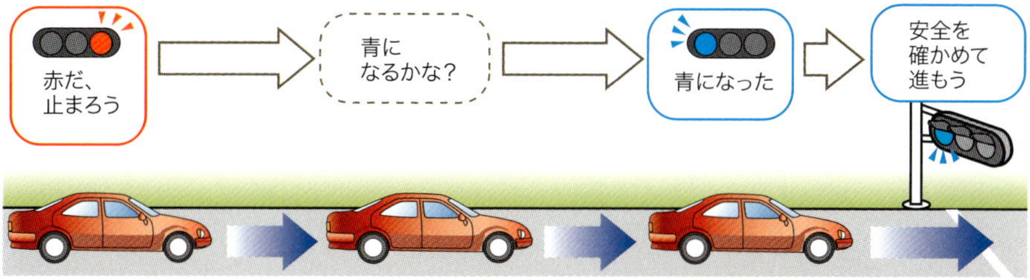
赤だ、
止まろう
青に
なるかな？
青になった
安全を
確かめて
進もう

3 信号待ちでの対応

交差点の停止線の手前で停止し、状況に合わせてブレーキなどを操作する。

●信号待ちで停止する場合

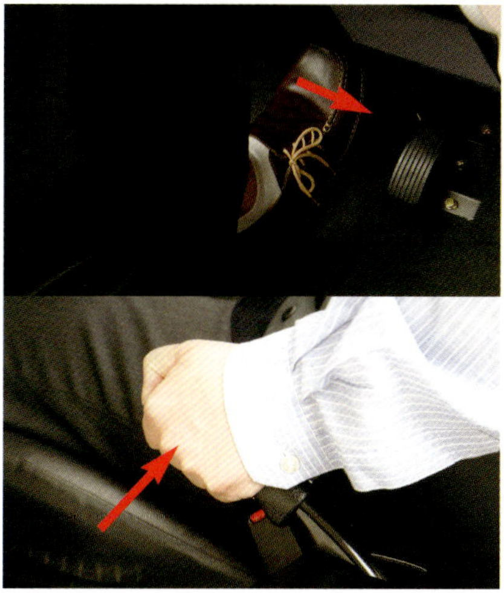

信号待ちの停止中は、ブレーキを踏むか、ハンドブレーキを引いておく。

●停止する時間が長い場合

停止時間が長くなりそうなときは、ギアをニュートラルにして、ハンドブレーキを引いておく。

青信号でも進んではいけない場合

進路前方が渋滞などのため、交差点内で停車する恐れがある、または交差点内に歩行者や車両が残っている場合。

悪い例

停止線をオーバーしていると、歩行者に迷惑をかける。

MT AT

教習項目 16·17·18

交差点の通行 —— 直進・左折・右折

●交差点は文字通り道路が交差するところで、交通事故の多いところでもある。
●信号や他の交通の動きに注意を配る必要がある。とくに交差点を右折、左折するときは対向車や歩行者の動きに注意。
●交差点は、安全な速度と方法で通行しなければならない。

直進

chapter 17

1 交差点への接近と交通状況のとらえ方

交差点へ進入するときは、交差点内の交通の状況を素早くとらえ、信号の変わり目などのタイミングを的確に判断することが重要となる。とくに対向する右折車がある場合などは、たとえ直進する自車が先に行ける場合であっても、状況に合わせて、先に右折させるなどの対応が必要だ。

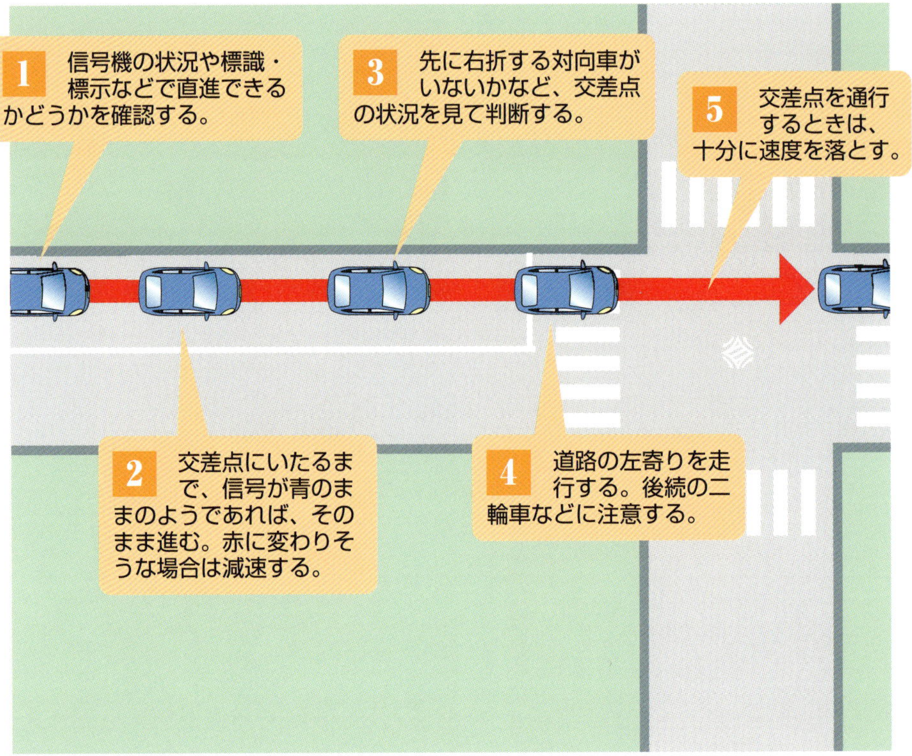

1 信号機の状況や標識・標示などで直進できるかどうかを確認する。
3 先に右折する対向車がいないかなど、交差点の状況を見て判断する。
5 交差点を通行するときは、十分に速度を落とす。
2 交差点にいたるまで、信号が青のままのようであれば、そのまま進む。赤に変わりそうな場合は減速する。
4 道路の左寄りを走行する。後続の二輪車などに注意する。

2 対向右折車などの動きに注意する

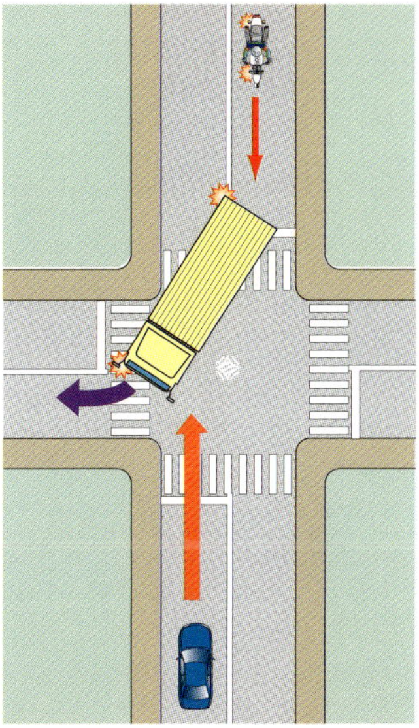

対向右折車が大型車などの場合は、後ろの二輪車が見えないことがある。後ろの二輪車が続けて右折してくる場合もあるので、十分に注意する。

3 交差点内の走行位置と速度について

交差点内の安全を確認する。
左寄りを通行する。

視点を移動して適切な走行位置を選ぶ。交差点内の安全を確かめる。

交差点内は安全な速度で走行する。速度を落として通過しよう。

左折

chapter 17

1 交差点への接近と交通状況のとらえ方

左折する方向の横断歩道に十分気を配り、横断中や横断しようとしている歩行者などに注意する。必要であれば横断歩道の前で一時停止する。また、後続の二輪車などの巻き込みに十分注意しなければならない。

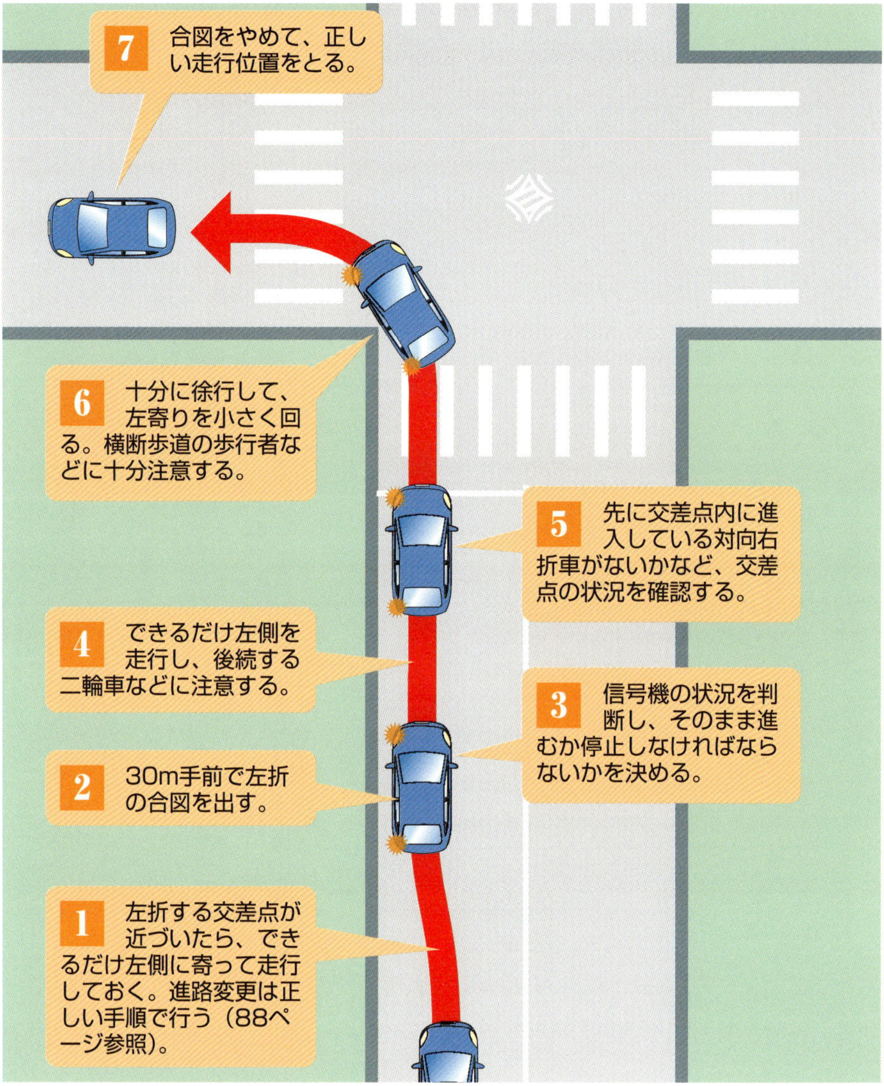

7 合図をやめて、正しい走行位置をとる。
6 十分に徐行して、左寄りを小さく回る。横断歩道の歩行者などに十分注意する。
5 先に交差点内に進入している対向右折車がないかなど、交差点の状況を確認する。
4 できるだけ左側を走行し、後続する二輪車などに注意する。
3 信号機の状況を判断し、そのまま進むか停止しなければならないかを決める。
2 30m手前で左折の合図を出す。
1 左折する交差点が近づいたら、できるだけ左側に寄って走行しておく。進路変更は正しい手順で行う（88ページ参照）。

2 対向右折車などの動きに注意する

対向車がすでに右折を始めているときは、先に右折させる。対向車の後ろに右折する二輪車が続いて進行してくるかもしれないので、十分に安全を確かめてから左折する。

3 交差点内の走行位置と速度について

視点を移動して適切な走行位置を選ぶ。内輪差を考えた走行位置を安全な速度と方法で左折する。

左折するときは小回りで徐行しながら回る。

悪い例

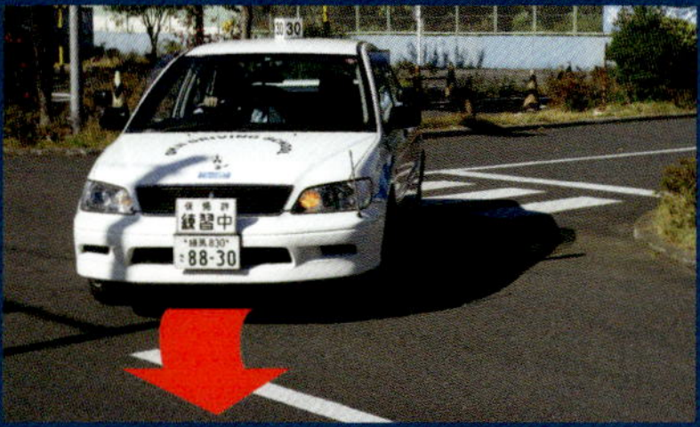

左折するときの速度が速すぎたり、右からの交通に気をとられすぎると、大回りになって危険。

●二輪車の進入を防ぐため左へ寄せる

左折では、後続の二輪車などが強引に左側方を通り抜けようとすることがあるので、あらかじめできるだけ左に寄って入れないようにし、巻き込みの事故を防ぐ。

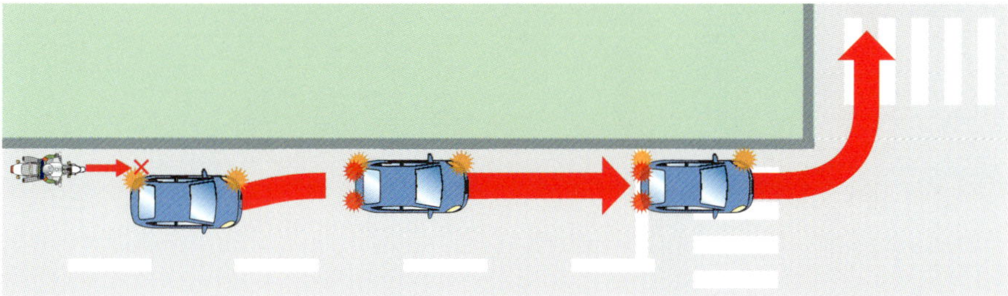

右折

chapter 17

1 交差点への接近と交通状況のとらえ方

交差点では、直進車、左折車の進路を妨げてはならないので、右折する場合は、直進車、左折車の動きに十分注意する。また、右折方向にある横断歩道を横断中または横断しようとしている歩行者などにも気を配り、一時停止をするなど、安全を確保しなければならない。

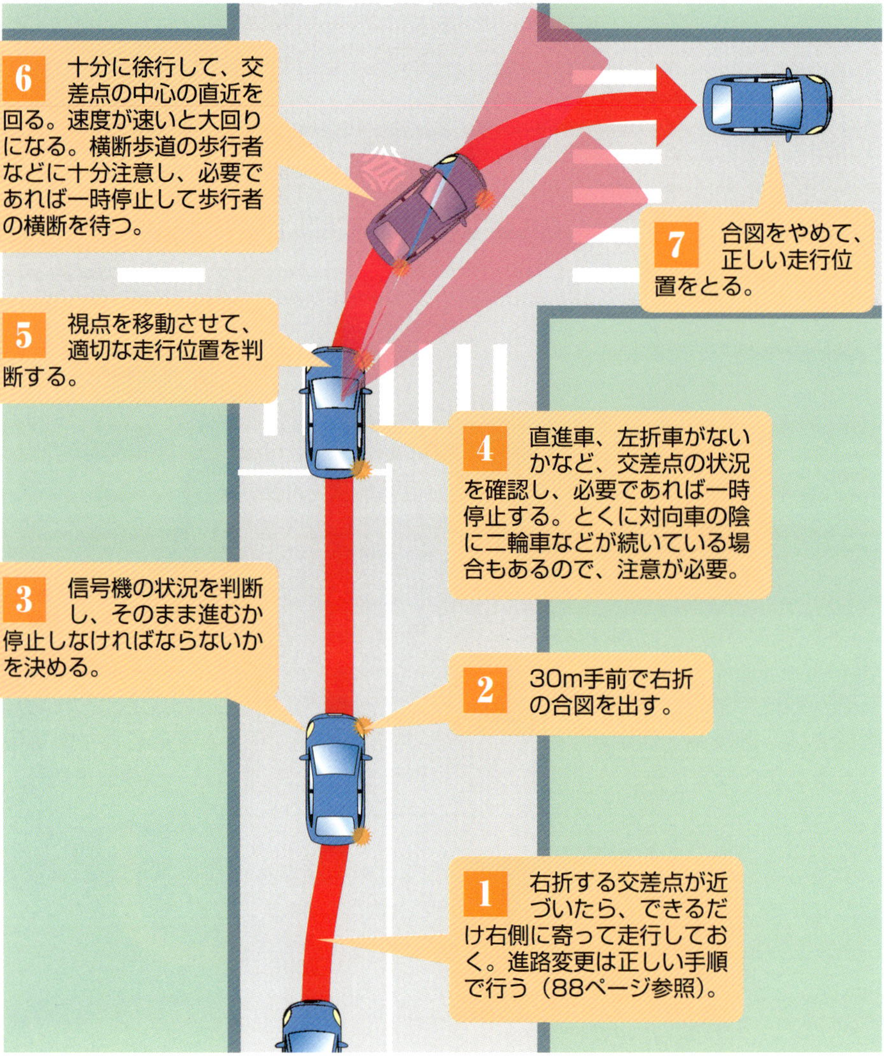
6 十分に徐行して、交差点の中心の直近を回る。速度が速いと大回りになる。横断歩道の歩行者などに十分注意し、必要であれば一時停止して歩行者の横断を待つ。
7 合図をやめて、正しい走行位置をとる。
5 視点を移動させて、適切な走行位置を判断する。
4 直進車、左折車がないかなど、交差点の状況を確認し、必要であれば一時停止する。とくに対向車の陰に二輪車などが続いている場合もあるので、注意が必要。
3 信号機の状況を判断し、そのまま進むか停止しなければならないかを決める。
2 30m手前で右折の合図を出す。
1 右折する交差点が近づいたら、できるだけ右側に寄って走行しておく。進路変更は正しい手順で行う（88ページ参照）。

2 対向直進車、左折車などの動きに注意する

右折する場合は、直進車や左折車の進路妨害にならないかどうか、正確に判断することが必要となる。とくに対向する直進車がある場合は、その車の速度が速くないか、交差点までの距離が十分にあるかなどを確認し、安全に右折できるのであれば、先に右折する。

上のような状況では、対向する左折車の後ろの状況が見えないので、見えるまで待って、安全を確認することができたら右折する。

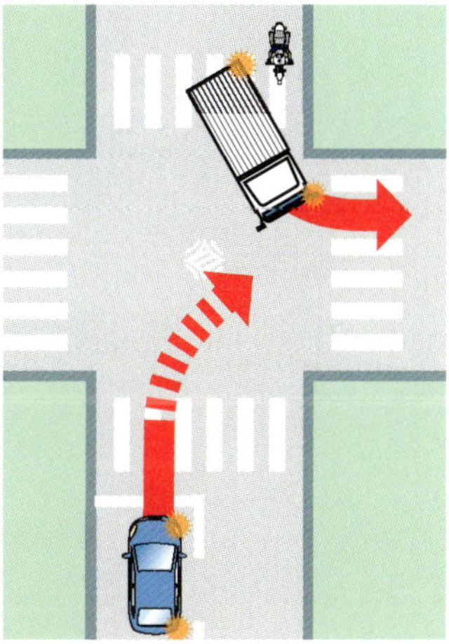

3 交差点内の走行位置と速度

●内回りは危険

内回りは思わぬ危険が！

●速度を落とさないと……

速度が速いと大回りになり、危ない。

信号機のない交差点での優先関係

●直進車、左折車の進行を妨げない

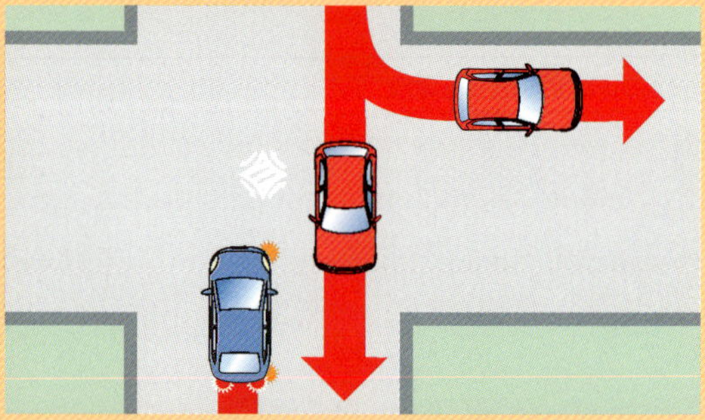

右折車は直進車、左折車の進路を妨げてはいけない。

●優先道路を通行する車が優先

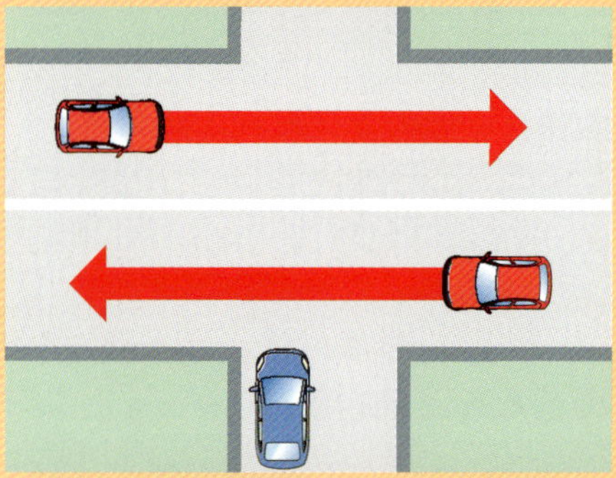

交差する道路が優先道路の場合は、優先道路を通行する車などの通行を妨げてはならない。

●広い道路を通行する車の進行を妨げない

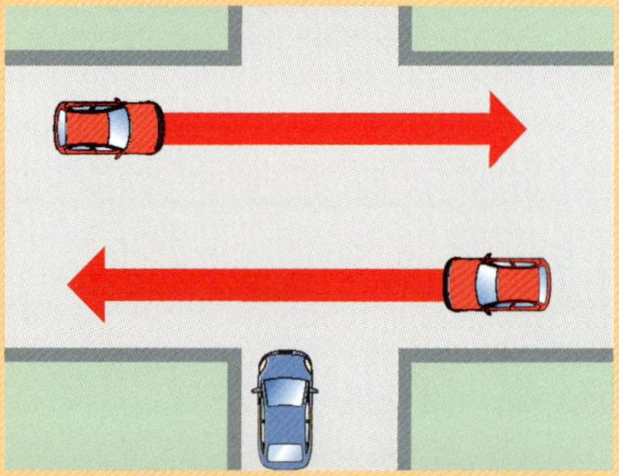

交差する道路の道幅が明らかに広い道路を通行する車の進行を妨げてはならない。

●同じような道幅の場合

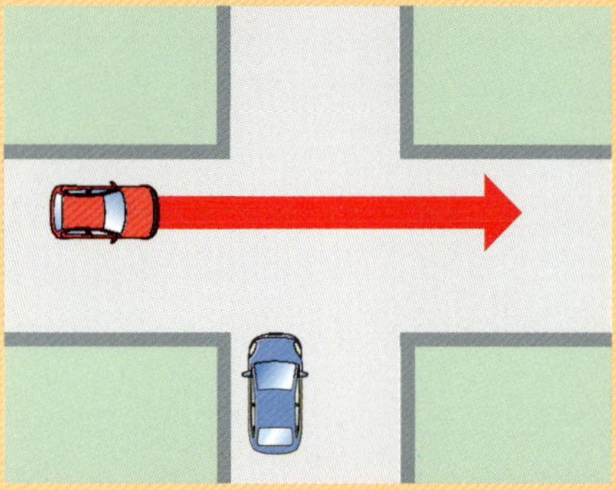

交差する道路が同じような道幅の場合は、左方から進行してくる車の通行を妨げてはならない。

●路面電車が通行している場合

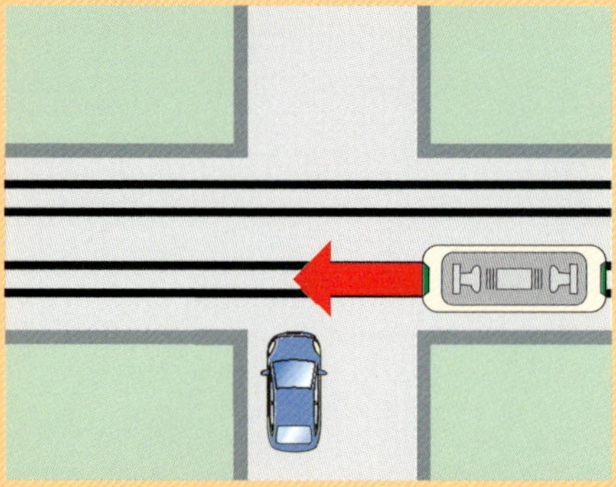

交差する道路が同じような道幅の場合は、自車が左方車であっても路面電車の通行を妨げてはならない。

MT AT

教習項目 19 見通しの悪い交差点の通行

●見通しの悪い交差点は、自分の車から見えにくく、同時に相手の車からも見えにくいため出合いがしらの事故が発生しやすい。

●出合いがしらの事故を防ぐためには、危険性を予測した、安全な速度と方法で通行できるようになること。

1 交差点への接近と情報のとり方 chapter 18

見通しの悪い交差点では、出合いがしらの事故が起きやすい。見通しの悪い交差点の正しい走行方法を身につけよう。

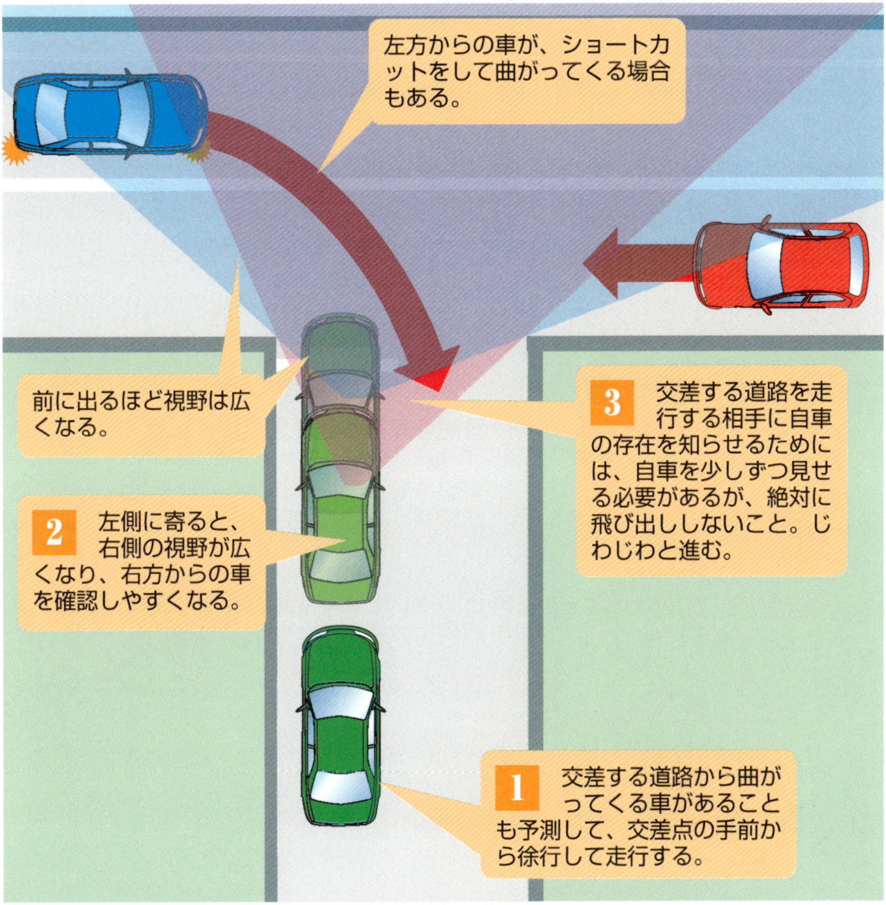
左方からの車が、ショートカットをして曲がってくる場合もある。
前に出るほど視野は広くなる。
2 左側に寄ると、右側の視野が広くなり、右方からの車を確認しやすくなる。
3 交差する道路を走行する相手に自車の存在を知らせるためには、自車を少しずつ見せる必要があるが、絶対に飛び出ししないこと。じわじわと進む。
1 交差する道路から曲がってくる車があることも予測して、交差点の手前から徐行して走行する。

MT AT

教習項目

20 踏切の通過

●踏切を通過するときは「止まれ」「聞け」「見よ」の3つの原則を実践する。
●とくに「聞け」では窓を開けて行う必要がある。
●一時停止と安全確認を確実に行い、速やかに通過することができればOK。

1 一時停止・安全確認と安全な通過 chapter 19

踏切を通過するときには、必ず一時停止し（止まれ）、安全確認（聞け・見よ）をしてローギアで一気に通過する。

踏切通過の3原則

止まれ

踏切の直前で必ず一時停止する。踏切用信号が青の場合は必要ない。

聞け

窓を開けて、電車や警報機の音を聞く。ラジオなどの音量は下げる。

見よ

左右の安全、前方の様子を確認。

1 停止線の直前で止まる。停止線がなければ、踏切の直前で停止する。

2 左右の安全と踏切前方に自車が入れるだけの余地があるか確かめる。余地がないようならあくまで待つ。

3 ローギアで発進する。踏切内でのギアチェンジはしない（AT車はDレンジのまま）。

4 踏切内では脱輪しないように、やや中央寄りを一気に通過する。

2 踏切内で故障した場合、どうする？

●踏切支障報知装置（非常ボタン）を押す

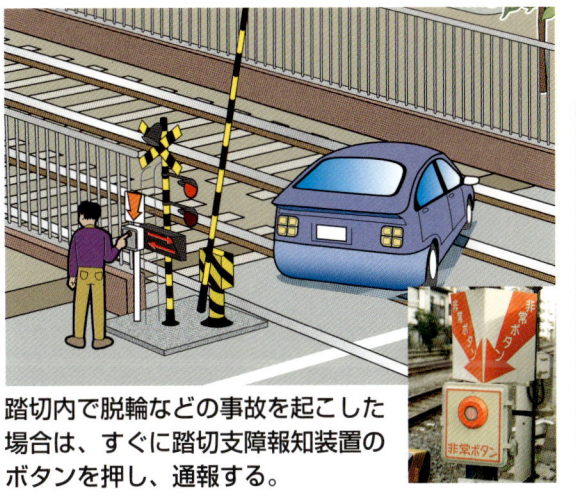

踏切内で脱輪などの事故を起こした場合は、すぐに踏切支障報知装置のボタンを押し、通報する。

非常ボタンがない踏切では、発炎筒などを使う。

●近くの人に協力を頼む

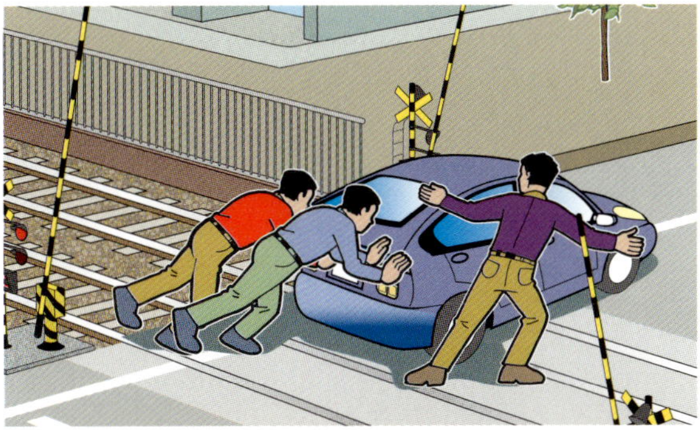

人力で移動させることが可能であるなら、近くにいる人に協力してもらい、移動させる。

MT車ではセルモーターで移動も可

ギアをローかバックに入れ、クラッチを切らずにそのままセルモーターを回し続ける。

（注）AT車、クラッチ・スタートシステム装備のMT車では、セルモーターでの移動はできない。

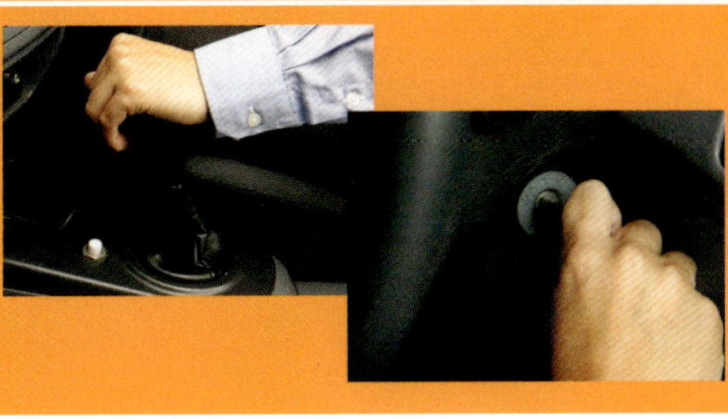

教習項目

21 AT車の運転

●まず、AT車とMT車の違いを理解しよう。
●発進・停止の操作手順などはMT車と大きく異なるところもある。
●AT車に特有なクリープ現象を体感しておくこともここでの重要項目。

1 MT車とAT車の違い

●チェンジレバーの位置と役割

P パーキングレンジ
駐車するとき、エンジンを始動させるときは、この位置。

R リバースレンジ
バック（後退）するときに使用。

N ニュートラルレンジ
動力が伝わらない状態。走行中には使用しない。

D ドライブレンジ
通常の走行で使用。

2 セカンドレンジ
下り坂でエンジンブレーキを効かせたいときに使用。

L ローレンジ
セカンドよりもさらにエンジンブレーキが必要なときに使用。

※自動車メーカー、車種によってチェンジレバーの表示に違いがある。とくに最近の車種では、3や4のレンジがある車種が増えてきているので、坂道などでエンジンブレーキを使うときはこれらのレンジを利用するとよい。

●チェンジレバーの動かし方

停止中に操作するときは、必ずブレーキペダルを踏んで行う。とくにP、Rに入れるときは、自分の目で確かめること。

クリープ現象

エンジンがかかった状態でD、Rなどに入れると、アクセルを踏まなくても車が動いてしまう現象。

●エンジンのかけ方、止め方

chapter 22

●エンジンのかけ方

チェンジレバーがPレンジに入っていることを確認する。アクセルペダルは踏まない。

ハンドブレーキが確実に引いてあるかを確認する。

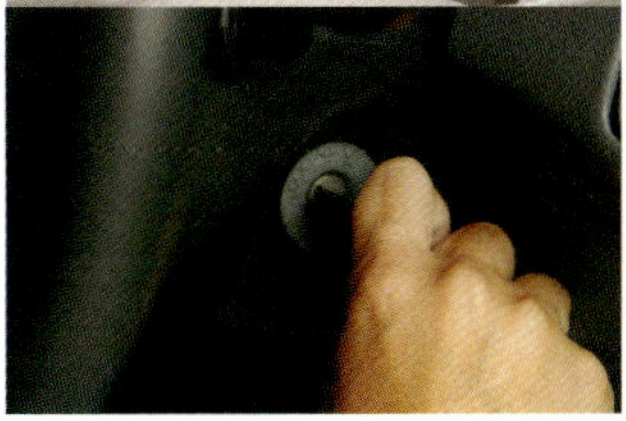

キーを差し、ブレーキを踏んでSTARTの位置まで回し、エンジンを始動する。

●エンジンの止め方

ハンドブレーキをかける。

チェンジレバーをPレンジに入れる。

キーをLOCKの位置まで左に回す（エンジンがストップする）。

2 発進と停止の方法

■発進の手順

1 ブレーキを踏んだまま チェンジレバーをDレンジに入れる

Dレンジの位置を自分の目で確かめる。

2 ハンドブレーキを戻す

右足はブレーキペダルを踏んだまま。

3 ブレーキペダルを緩めて クリープ現象を確認する

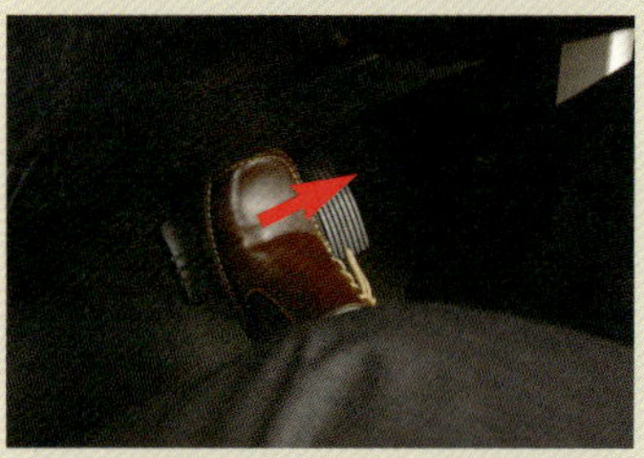

エアコン使用時にはクリープ現象が強くなるので注意。

4 アクセルペダルを徐々に踏んで発進させる

アクセルペダルを一気に踏むと、急発進の原因になる。

■停止の手順

1 アクセルペダルを戻し、ブレーキペダルに踏み替える

AT車はエンジンブレーキがかかりにくい特性があるので、減速する場合はブレーキペダルを操作する。

2 ブレーキペダルを踏む

急停止にならないように、踏み方を調節する。

■車から離れるとき

1 ハンドブレーキをかける

このときブレーキペダルは踏んだまま。

2 チェンジレバーをPレンジに入れる

自分の目でPレンジの位置を確かめる。

3 エンジンを止める

キーを回してエンジンを停止する。

4 ブレーキペダルを戻す

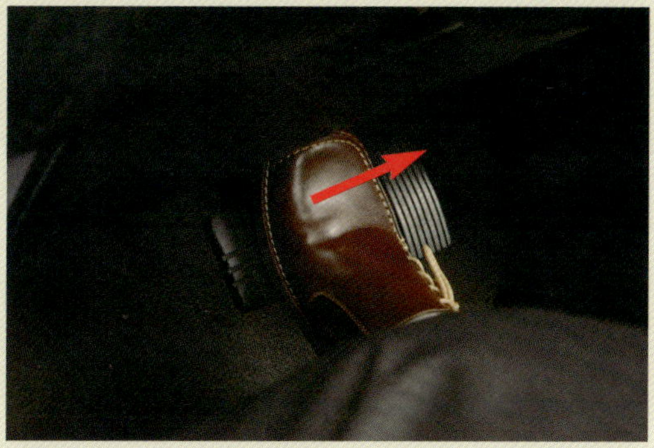

最後にブレーキペダルを戻す。

3 AT車の加速と減速

■加速の方法

AT車では、Dレンジでアクセルを踏めば、速度に合わせて自動的に適切なギアを選択し、ギアチェンジ（加速チェンジ）される。

■減速の方法

AT車にはエンジンブレーキがかかりにくいという特性があるので、Dレンジでアクセルを戻すだけでは自然に速度が落ちる程度だ。ブレーキペダルを操作して減速する必要がある。

AT

教習項目 22

AT車の急加速と急発進時の措置

●AT車で短い距離で急加速することをキックダウンという。
●アクセルを急に踏み込むと低速ギアに切り替わり、急加速ができる。
●ここではキックダウンとAT車の急発進時の措置についての練習を行う。

1 キックダウン

chapter 26

アクセルペダルを一気に踏み込むと、自動的に低速ギアになって急加速が得られる。これをキックダウンという。

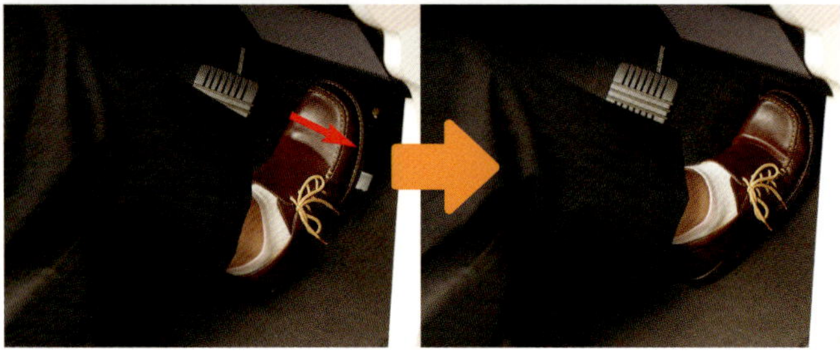

キックダウンの手順

急加速をしたいときには、アクセルペダルを一気に踏み込む。

キックダウンを使う場面

①追い越しをするとき。
②高速道路での加速車線で加速するとき。
③上り坂で速度が落ちてきたとき。

2 段差路での発進と急発進時の対処

chapter 27

AT車では、アクセルとブレーキを踏み間違えるミスが事故の原因につながる。段差路を使ってアクセル→ブレーキへの素早い踏み替えの練習を行う。

●前進するとき

●後退するとき

●前進するときのアクセル、ブレーキの操作

1 止める

段差にタイヤが接触するように止める。

2 発進する

アクセルペダルを静かに踏んで、段差に乗り上げる。
※アクセルを強く踏まないこと！

3 素早くブレーキ

乗り上げたら、素早くアクセルからブレーキに踏み替える。

MT AT

教習項目 23

教習効果の確認（みきわめ）

●第1段階は、場内教習で基本的な車の動かし方と走り方を学んだ。いわば路上に出るための練習をしてきたこととなる。

●教習所内と路上で運転方法が変わるわけではない。第2段階に進む前にもう一度復習をしておこう。

復習1 安全運転のための気配り、運転装置の正しい操作ができるか。

復習2 道路の形状に合わせた速度、走行位置、進路の判断ができるか。

復習3 交通の状況などを的確に判断し、適切な運転操作ができるか。

復習4 交通法規、標識・標示、信号などに従った走行ができるか。

●修了検定（仮免）

第2段階の路上教習に進むには、仮免取得のための修了検定と学科試験にパスしなければならない。「仮免」とは正式名称を「普通仮運転免許証」という。免許を受けようとする人が一般道路での練習などの目的のために必要な「仮」の免許である。この仮免を取得するには自動車教習所や運転免許センター等で試験を受けなければならない。

●仮免検定

・**技能検定**

仮免検定用の所内コースを走る。
走行する時間は、だいたい15分程度。
減点基準は「5点、10点、20点、中止」と4通りに分けられている。
持ち点100点で70点以上が合格。

・**学科試験**

出題数は50問、これを制限時間30分以内に解答する。50問中45問正解で合格となる。

第2段階

応用走行

第2段階では、実際の道路上に出ての教習が始まる。「道路および交通の状況についての情報の読みとり」「危険を予測した運転」「他の交通への気配り」「交通法規に従った走行」「自主的な経路の設定と自主的な運転」「高速道路の特性の理解と高速道路での安全運転」などが課題となる。

MT AT

教習項目 1

路上運転にあたっての注意と路上運転前の準備

●第１段階を修了して、第2段階はいよいよ路上運転になる。
●ここでは路上に出る前の車両点検のポイントと危険予測を学ぶ。
●車両点検は免許取得後にマイカーのメンテナンスをする際の必要な知識なので、各点検項目を覚えておこう。

1 路上運転前の点検

●エンジンルームの点検
・冷却水の量
・エンジンオイルの量
・バッテリー液の量
・ウインドウウォッシャー液の量
・ブレーキオイルの量

●車まわりからの点検
タイヤの空気圧、亀裂、損傷、溝の深さ、各灯火類、方向指示器の点滅具合

●運転席での点検
・ブレーキペダルの踏みしろ
・ハンドブレーキのレバーの引きしろ
・ウインドウウォッシャー液の噴き出し具合
・ワイパーのふきとり具合
・エンジンのかかり具合

●走行時の点検
・エンジンの状態（加速時、低速時）
・ブレーキの効き具合（異音はしないか）

●仮免許証を忘れずに！
その他、車検証、自賠責保険証明書、発炎筒、非常用停止表示板など

2 道路状況や交通状況に応じた運転

路上では危険を予測した運転が求められる。まずは的確に情報を読みとること。

■路上運転では

見る、聞く

認知・判断・操作の繰り返し

考える、決める

操作する

MT AT

教習項目 2

交通の流れに合わせた走行

●まずは路上の雰囲気に慣れることから始めよう。
●「交通の流れに素早くかつ安全に入ることができる」「流れに合わせた速度を選び、適切な車間距離をとることができる」などのことを意識して走ること。

1 交通の流れに乗ることを覚える

後方の安全確認はしっかりと。

素早い操作で発進する。

●発進のタイミングのつかみ方

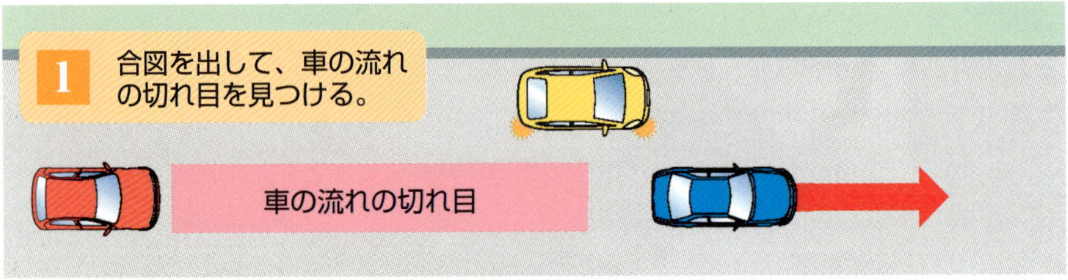
1 合図を出して、車の流れの切れ目を見つける。
車の流れの切れ目

2 切れ目の前を走る車が自車の横を通過したら、車を発進させ、加速して交通の流れに乗せる。

2 交通の流れに合わせた速度

●幹線道路では

自分の車だけが遅いと後続車に迷惑がかかる。最高速度を超えない範囲で交通の流れに合った走行を心がける。

●市街地では

消火栓

歩行者などの動きが予測できないので、いつでもブレーキを踏めるようにしておく。

3 速度に合わせた車間距離

危険を察知してからブレーキを踏んで停止するまでの距離は、速度が速くなるほど長くなる。適切な車間距離を保って運転することを心がけよう。

●乾いた舗装道路で必要とされる車間距離

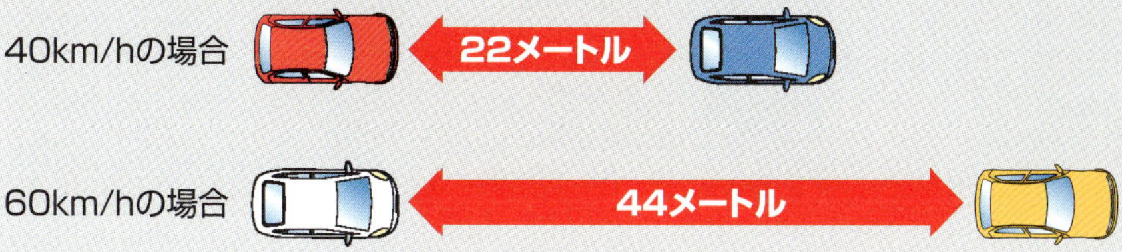
40km/hの場合
22メートル
60km/hの場合
44メートル

MT AT

教習項目 3

適切な通行位置

- 片側1車線、片側2車線、そして中央線のない道路と道路にもいろいろある。
- 片側2車線以上の幹線道路と中央線のない狭い道路とでは運転方法が異なる。
- ドライバーは道路の形状に合わせた適切な通行位置を選んで通行することができなければならない。

1 中央線のない道路

狭い道路では、歩行者や自転車の側方を通過する際には安全な間隔を確保する。場合によっては徐行する。

●中央より左寄り

道路中央より左寄りを通行する。

2 片側1車線の道路

道路の左寄りを通行する。二輪車の側方を通過する際には、安全な間隔を確保する。

3 多車線の道路

●片側2車線

左側の車線を通行する。右側は追い越しなどのためにあけておく。

●片側3車線

左側の車線は速度の遅い車、速度の速い車は順に右の車線を通行する。もっとも右の車線は追い越しなどのためにあけておく。

●標識や標示による指定があるとき

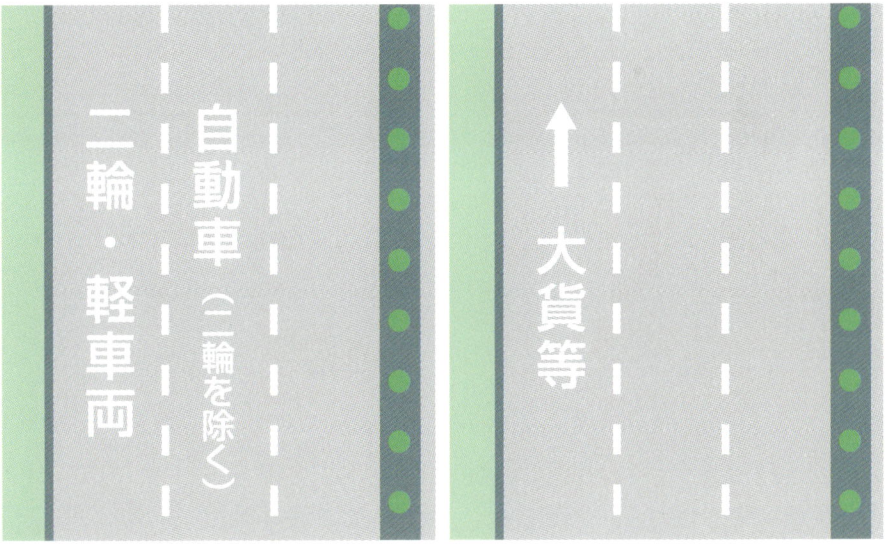

標識や標示によって通行区分が示されている道路では、それに従って指定された車線を通行する。

MT AT

教習項目

4 進路変更

●路上では、障害物を回避する場面に多く遭遇する。
●交通の状況を的確に読みとって、タイミングのよい進路変更をすることが求められる。

1 障害物を回避するための進路変更

駐車車両などの障害物を避けて通行する場合は、対向車の有無をしっかり確認する。対向車がある場合は、進路変更のタイミングを的確に判断する。写真のように交通整理をしている人がいる場合は、その指示に従う。

注意
1,000
500

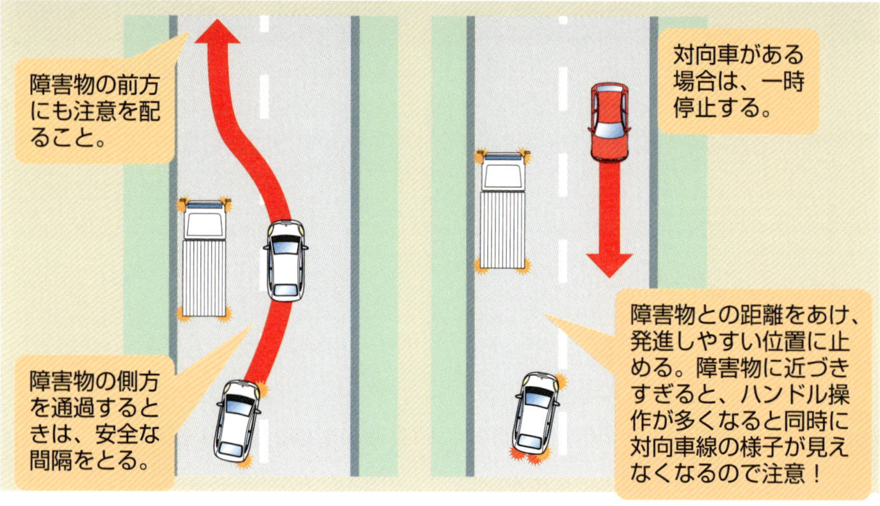
障害物の前方にも注意を配ること。
障害物の側方を通過するときは、安全な間隔をとる。
対向車がある場合は、一時停止する。
障害物との距離をあけ、発進しやすい位置に止める。障害物に近づきすぎると、ハンドル操作が多くなると同時に対向車線の様子が見えなくなるので注意！

2 右左折に伴う進路変更

片側2車線以上の道路では、通行区分が指定されていることがある。早めに車線変更をしておくことが大事。標識や標示を見落とさないように、注意を配ること。

通行区分が指定されている道路では、標識や標示を見たら、行きたい方向の車線にできるだけ早めに進路変更しておく。

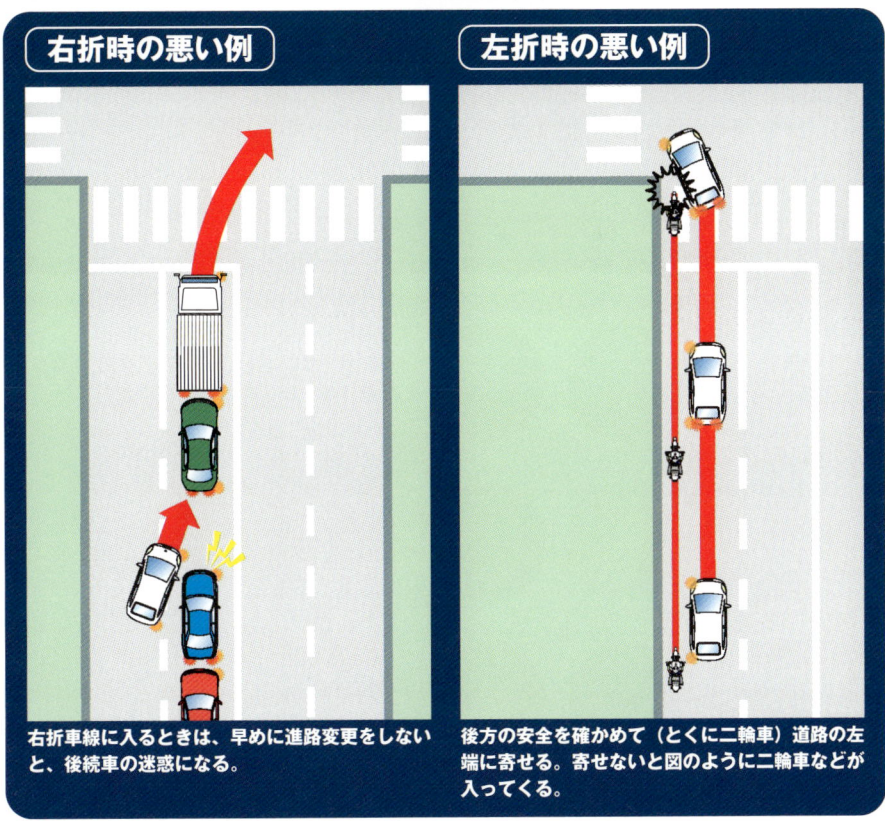

右折時の悪い例

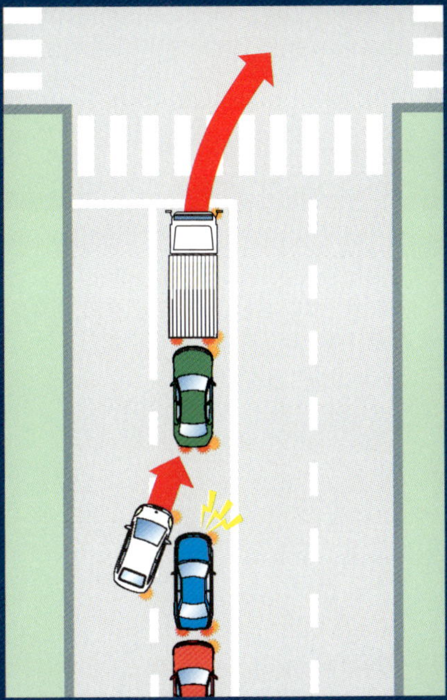

右折車線に入るときは、早めに進路変更をしないと、後続車の迷惑になる。

左折時の悪い例

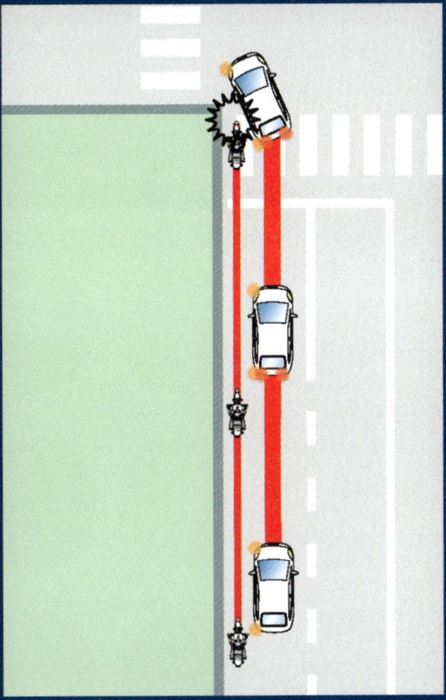

後方の安全を確かめて（とくに二輪車）道路の左端に寄せる。寄せないと図のように二輪車などが入ってくる。

MT AT

教習項目 5

信号、標識・標示などに従った運転

●信号、標識・標示等を的確に読みとり、適切に対応した通行をすることは、自動車も歩行者も同じ。

●青の灯火矢印、赤の点滅信号、黄の点滅信号などの意味については、もう一度学科を復習しておこう。

1 信号の読みとりとその対応

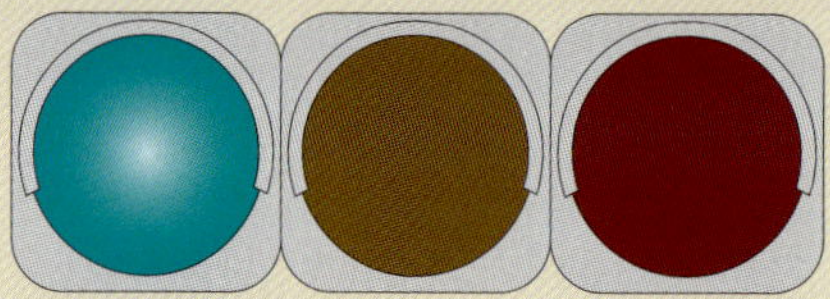

青信号

信号が青に変わっても、安全確認（残存歩行者や車両など）をしてから通過する。

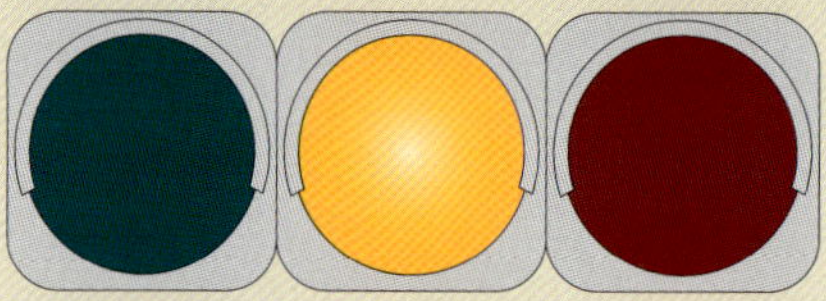

黄信号

原則、停止する。ただし、安全に停止できない場合はそのまま通過することができる。

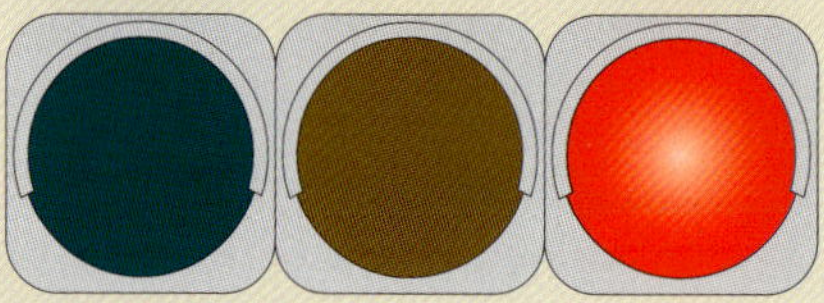

赤信号

停止する。

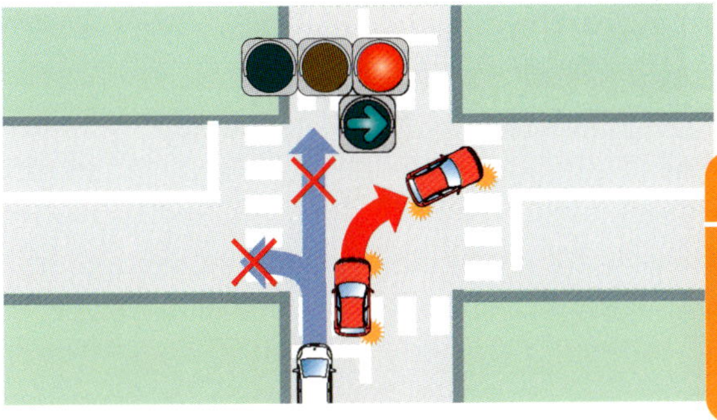

●青灯火の矢印

赤信号でも矢印の方向に進むことができる。

黄灯火の矢印

路面電車は進むことができる。車は停止。

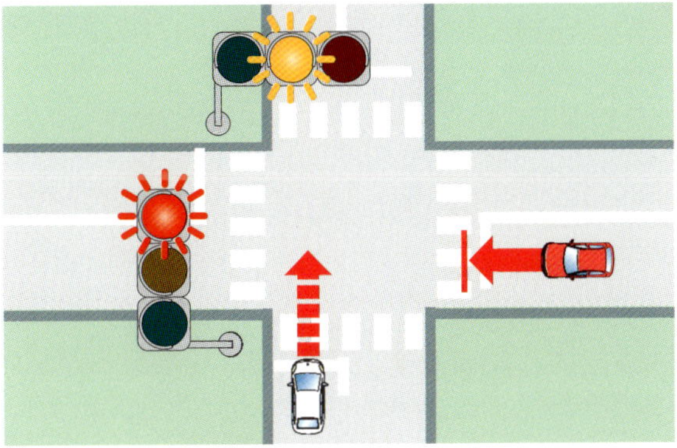

●赤の点滅信号

一時停止をして、安全を確かめてから進むことができる。

●黄の点滅信号

他の交通に注意して進むことができる。

2 標識・標示などの読みとりとその対応

標識・標示に従った運転は、交通ルールの基本である。

MT AT

教習項目

6 交差点の通行

●交差点とその付近の他の交通に対して気を配り、安全な速度と方法で通行する。
●右折では対向車と横断歩道の歩行者、左折では歩行者の保護と二輪車の巻き込みにとくに注意する。

1 安全な交差点通行

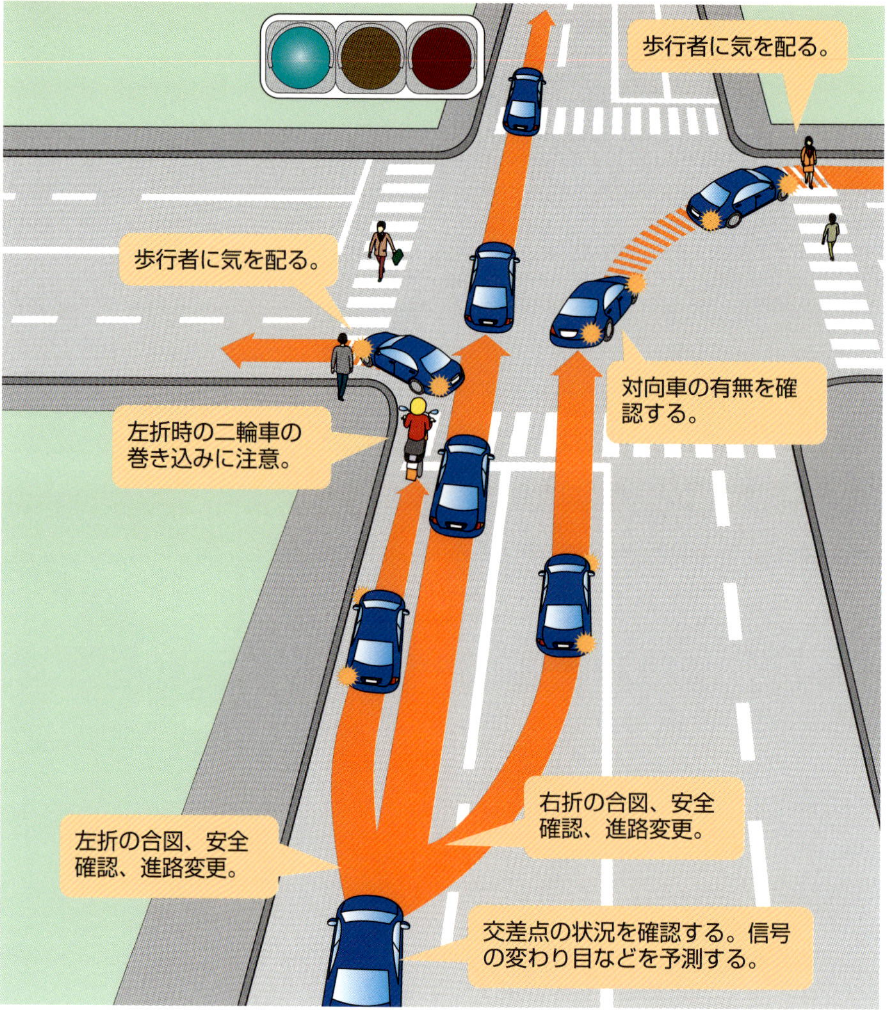
歩行者に気を配る。
歩行者に気を配る。
対向車の有無を確認する。
左折時の二輪車の巻き込みに注意。
右折の合図、安全確認、進路変更。
左折の合図、安全確認、進路変更。
交差点の状況を確認する。信号の変わり目などを予測する。

●交差点右折のタイミング

交差点の右折では、対向車の速度・距離から、先に行くか待つか判断する。横断する歩行者の確認も忘れないこと。

2 見通しの悪い交差点の通り方

↑一時停止の位置で必ず停止して、安全を確認してから通行する。

➡わかりにくいが、横断歩道のところが交差点になっている。住宅地なので子供の飛び出しなどに注意が必要になる。

MT　AT

教習項目

7　歩行者などの保護

●運転者にとって、歩行者などの保護をすることは当然の義務。

●なかでも子供やお年寄りなどの歩行者、自転車の動きは的確に読みとって、安全に通行させるための気配りができてこそ、優良ドライバーだ。

1　歩行者などの動きを予測する

歩行者の側方を通過するときは、安全な間隔をあけて、速度を落として通過する。

子供や
お年寄りには、
より注意する！

子供などは予測できない動きをすることもあるので細心の注意を払うこと。

2 歩行者などの側方を通過するとき

歩行者や自転車との間に安全な間隔がとれないときは、必要に応じて徐行、一時停止する。車の接近に気づいていないときは、間隔を広くとる。

安全な間隔がとれないときは、徐行もしくは一時停止する。

3 横断歩道付近を通過するとき

横断歩道は歩行者優先。横断しようとする歩行者がいるときは停止する。

歩行者がいるかいないかはっきりしないとき

徐行して、対向車が行きすぎるのを待ち、安全を確認しながら進行する。

横断しようとする歩行者がいるとき

歩行者が優先なので、一時停止して、横断し終わるのを待つ。

横断歩道手前に停止車両があるとき

トラックの陰に歩行者がいるかもしれないので、停止車両の前方に出る前に一時停止し、安全確認する。

横断歩道のない場所では

歩行者優先の気持ちで、徐行や一時停止して歩行者の安全を確保する。

4 歩行者などへの気配り

目の不自由な人などが通行しているとき

徐行か一時停止する。

通学・通園バスのそばを通るとき

通学・通園バスのそばを通るときは、必ず徐行しなければならない。

道路に水たまりがあるとき

歩行者に泥水をかけるような運転をしない。

路面電車の停留所のそばを通るとき

乗り降りする人がいるときは徐行する。路面電車や人がいないときは、徐行せずにそのまま通過してよい。

MT AT

教習項目

8 道路および交通の状況に合わせた運転

●道路および交通の状況はいつも同じではない。大切なのは道路や交通の状況に合わせた運転をすることだ。

●パッシングライトやハザードランプを使った他の車への意思表示の方法を学ぶ。

1 坂道での運転

坂道での走行は平地とは異なる。上り坂、下り坂における安全確認、運転装置の操作方法、走行位置などをチェックしておこう。

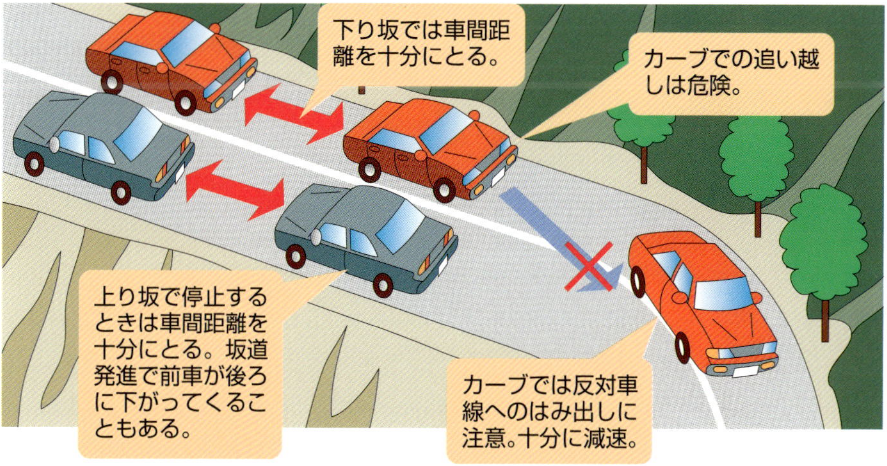

下り坂では車間距離を十分にとる。
カーブでの追い越しは危険。
上り坂で停止するときは車間距離を十分にとる。坂道発進で前車が後ろに下がってくることもある。
カーブでは反対車線へのはみ出しに注意。十分に減速。

待避所がある場合は、待避所のある側の車が道を譲る。
下り坂ではエンジンブレーキを有効に使う。
坂道では上りの車に道を譲る。がけなどがある場合は、上りであってもがけ側の車が止まって譲る。

2 カーブでの運転

カーブでのスピードの出しすぎは危険。適切な速度での走行を心がけること。

カーブでの速度超過の危険性

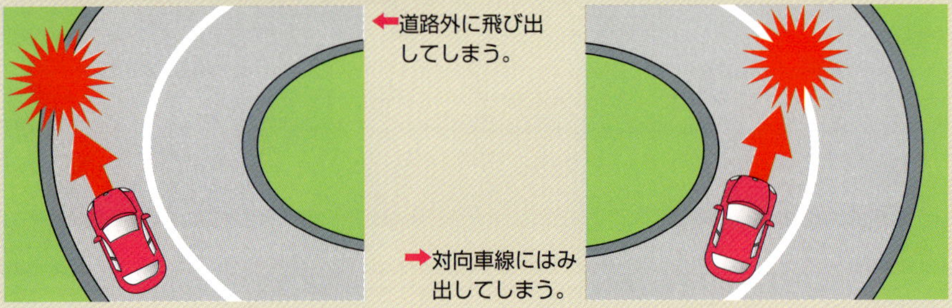
道路外に飛び出してしまう。
対向車線にはみ出してしまう。

3 対向車との行き違い

交通整理員がいたり信号機があったりする場合はその指示に従う。安全に行き違いができない場合は、お互いに相手に進路を譲ることが大事。

フローラ
テラコッタ
SHIMANO

4 他の交通に対する意思表示

灯火を点滅して、ドライバー間の意思の伝達を行うことがある。代表的なものを紹介しておこう。

●ハザードランプ

「前方が渋滞している」という状況を後続車に伝える。進路を譲ってくれたときのお礼「ありがとう（サンキュー）」の意味もあるが、どれも公式なルールではない。

※ハザードランプの本来の意味は、非常停止を後続車に知らせることである。

帰省ラッシュ時の渋滞している高速道路で、よく見かける。

●パッシングライト

右折待ちをしているときに、対向車が停止してパッシング合図を送ってきたときは、「お先にどうぞ」の意味がある。しかし、対向車が加速したり速度を落とさない場合は、「こっちが先だから来るな」の意味もあるので注意すること。これも公式なルールではないので、状況をきちんと判断することが重要だ。

MT AT

教習項目

9 駐・停車

●車を止めるときには、道路や交通の状況に応じて駐・停車する。
●歩道のある場所、路側帯（1本線）のある場所、路側帯（2本線）のある場所、路側帯（実線と破線）のある場所など、駐・停車の基本をもう一度確認しよう。

1 路端への駐・停車

●歩道、路側帯がない場所

車道の
左端に
沿う。

●歩道のある場所

車道の
左端に
沿う。

●路側帯（1本線）のある場所

0.75m以下
車道の
左端に
沿う。

※路側帯の幅が広いところでは、路側帯の中に入って左側0.75m以上あけて止める。

●路側帯（実線と破線）のある場所

車道の
左端に
沿う。

※0.75m以上の幅があっても、路側帯の中に入れて止めてはいけない。

●路側帯（2本線）のある場所

車道の
左端に
沿う。

※0.75m以上の幅があっても、路側帯の中に入れて止めてはいけない。

●駐車方法を指定された場所

標示に従う。

●駐・停車場所の選び方

駐・停車をするときは、他の車や歩行者の通行を妨げる場所を避ける。

2 駐・停車の方法

道路上に駐車する場合には、道路交通法に定められた正しい停車位置に止めること。また、歩行者や他車の迷惑にならないか、出やすいかなども考慮する。

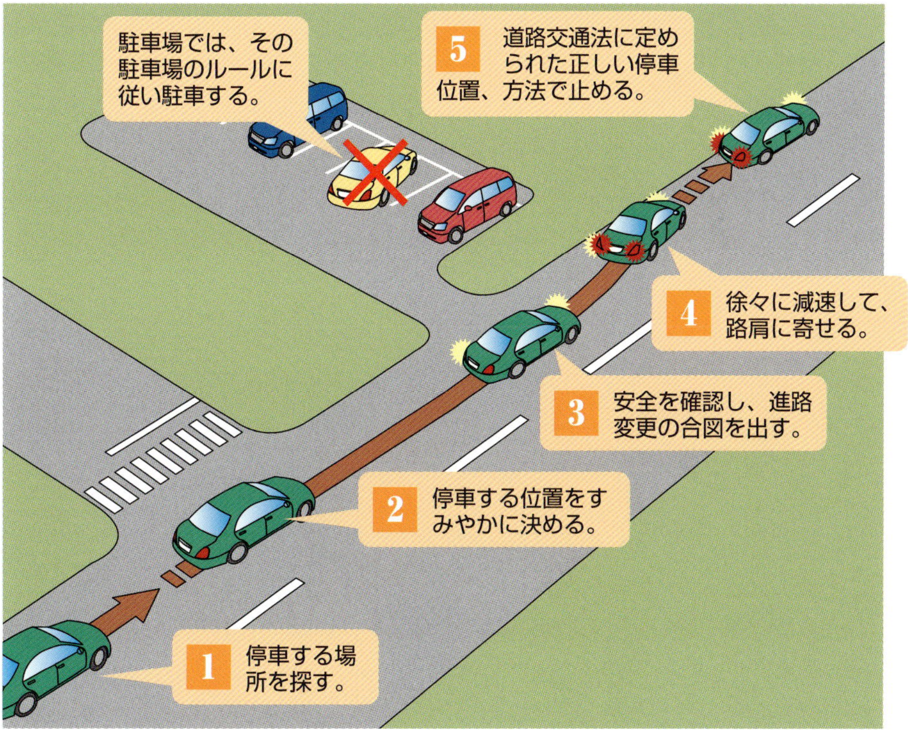
駐車場では、その駐車場のルールに従い駐車する。
5 道路交通法に定められた正しい停車位置、方法で止める。
4 徐々に減速して、路肩に寄せる。
3 安全を確認し、進路変更の合図を出す。
2 停車する位置をすみやかに決める。
1 停車する場所を探す。

MT AT

教習項目

10 方向変換・縦列駐車

●駐・停車をするには、方向変換と縦列駐車ができなければならない。
●方向変換と縦列駐車はどちらも初心者が苦手とするものだが、コツさえつかめばそれほど難しいものではない。

1 縦列駐車の手順

chapter 20

縦列駐車は道路上に停車するときに使うテクニックだ。

30 30
練習中
88-30

30
OHJI DRIVING SCHOOL
88-30

1 車を止める場所を確認する

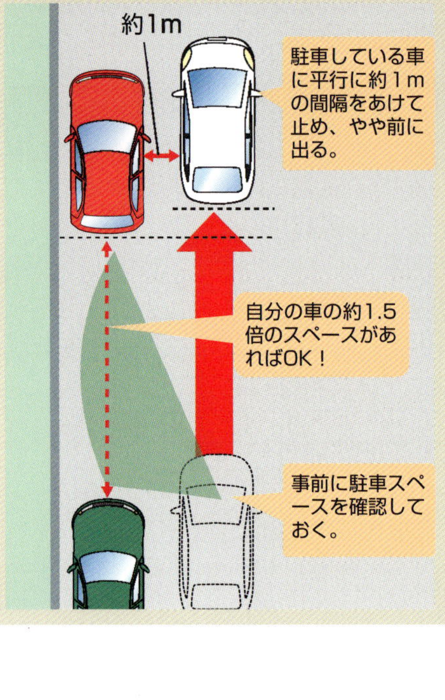

約1m
駐車している車に平行に約1mの間隔をあけて止め、やや前に出る。
自分の車の約1.5倍のスペースがあればOK！
事前に駐車スペースを確認しておく。

2 後退を始める

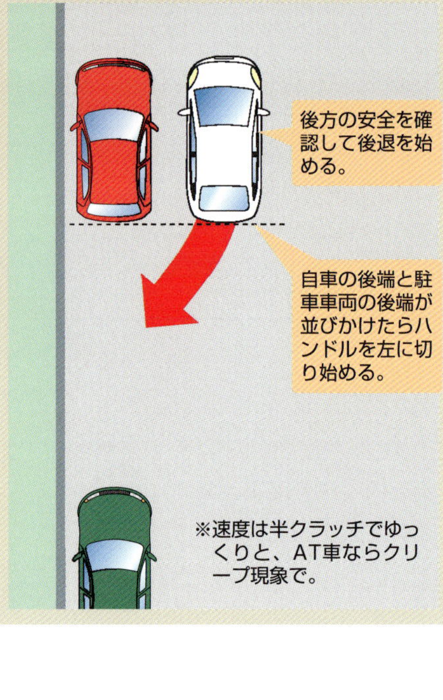

後方の安全を確認して後退を始める。
自車の後端と駐車車両の後端が並びかけたらハンドルを左に切り始める。
※速度は半クラッチでゆっくりと、AT車ならクリープ現象で。

3 左後方の間隔を左ドアミラーで確認する

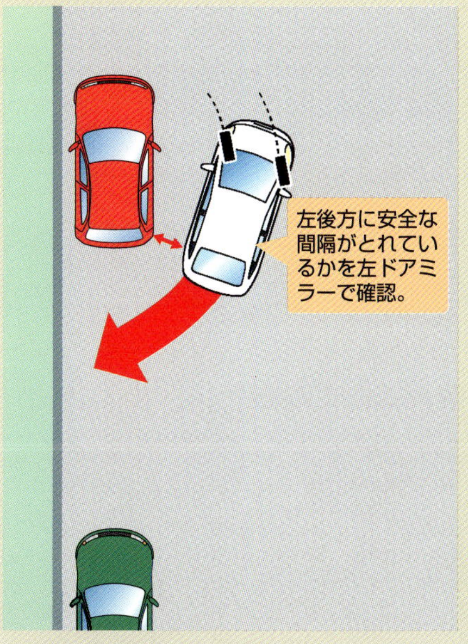
左後方に安全な間隔がとれているかを左ドアミラーで確認。

4 ハンドルを戻し、タイヤをまっすぐにする

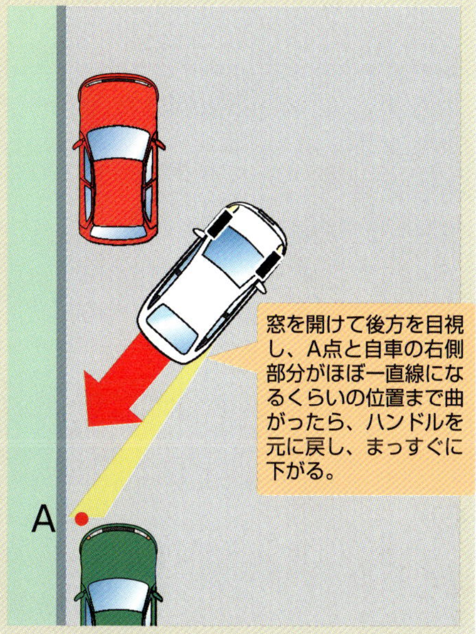
窓を開けて後方を目視し、A点と自車の右側部分がほぼ一直線になるくらいの位置まで曲がったら、ハンドルを元に戻し、まっすぐに下がる。
A

5 タイヤはまっすぐにしたまま後退する

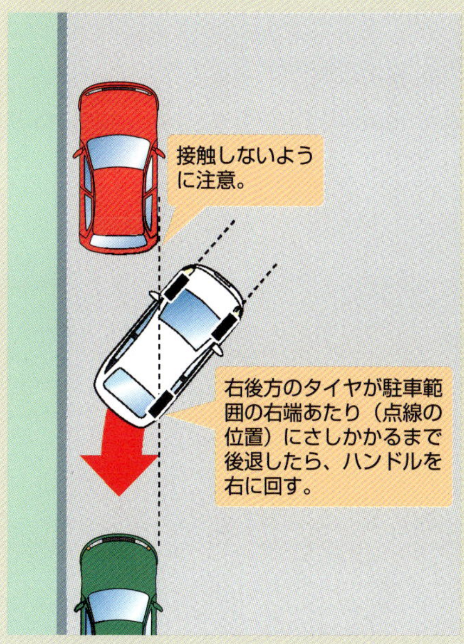
接触しないように注意。
右後方のタイヤが駐車範囲の右端あたり（点線の位置）にさしかかるまで後退したら、ハンドルを右に回す。

6 範囲内に駐車する

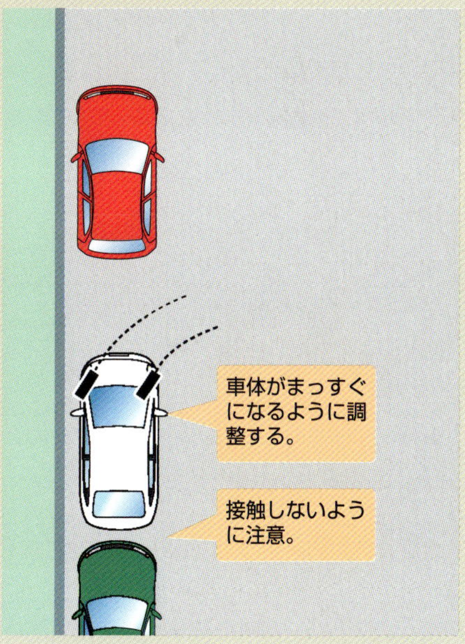
車体がまっすぐになるように調整する。
接触しないように注意。

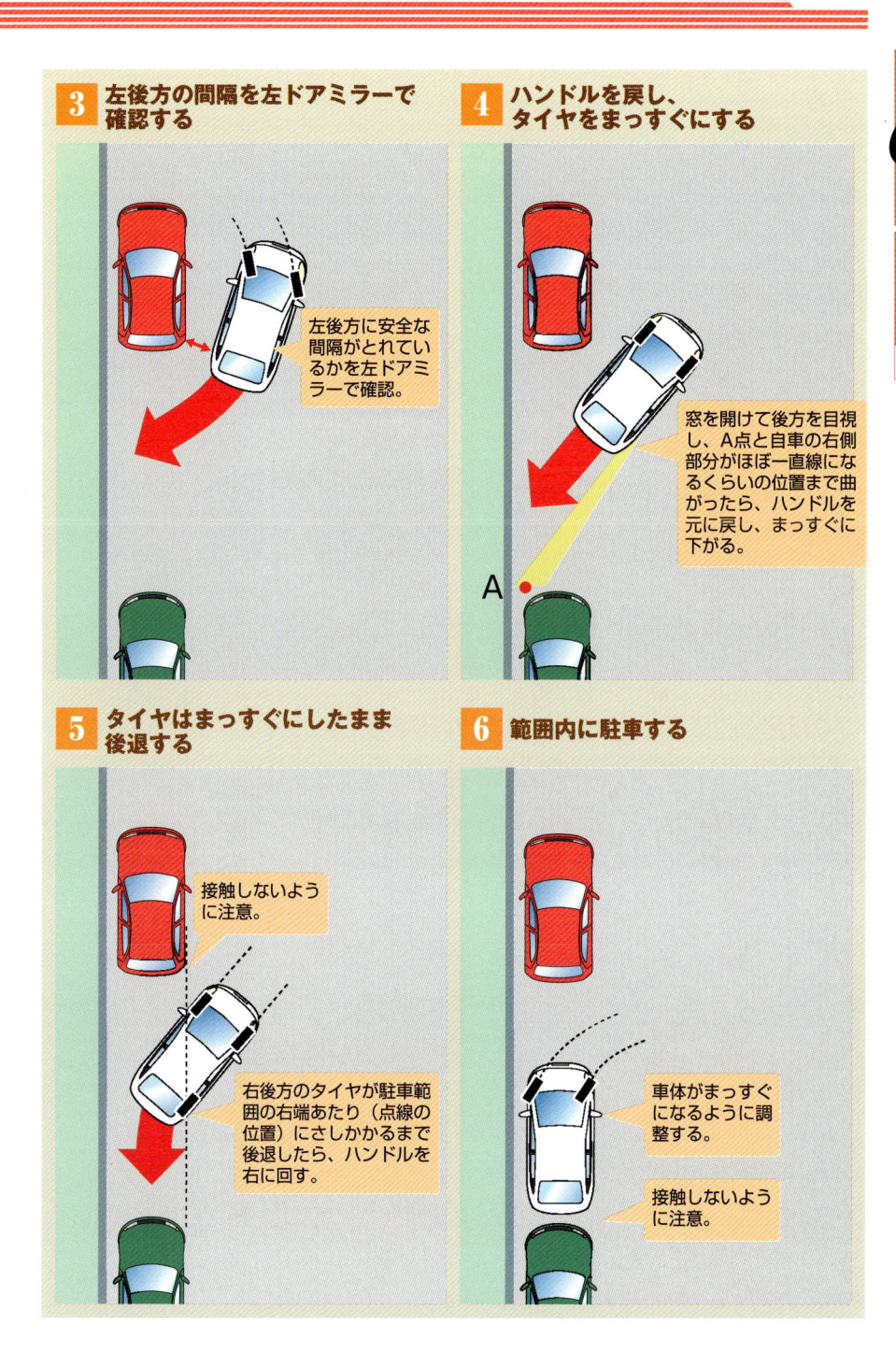

2 縦列駐車で起こしやすい失敗

縦列駐車でうまく入れられない失敗には次のような原因が考えられる。

失敗例① 左前部がぶつかってしまう場合

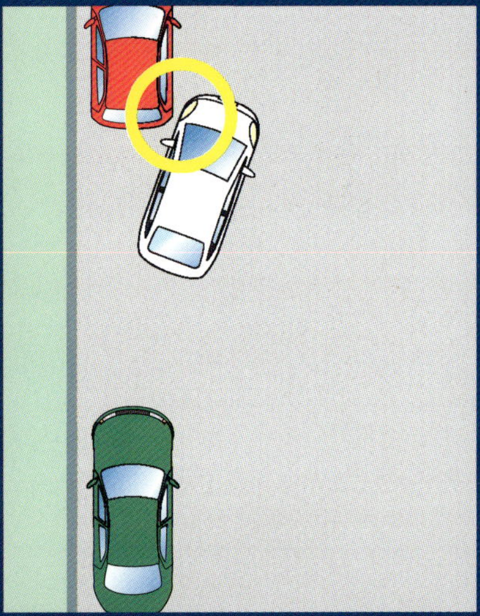

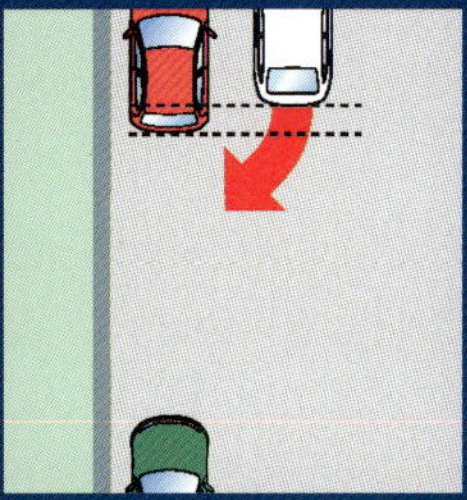

原因①
後退し始めるときに、ハンドルを左に回す時機が早すぎた。

原因②
駐車車両との間隔が狭すぎた。

失敗例② 左後部がぶつかってしまう場合

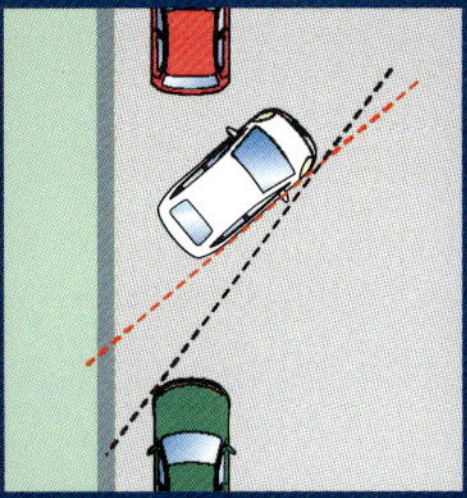

原因①
車体を斜めにしすぎたため、進入角度が深くなってしまった。

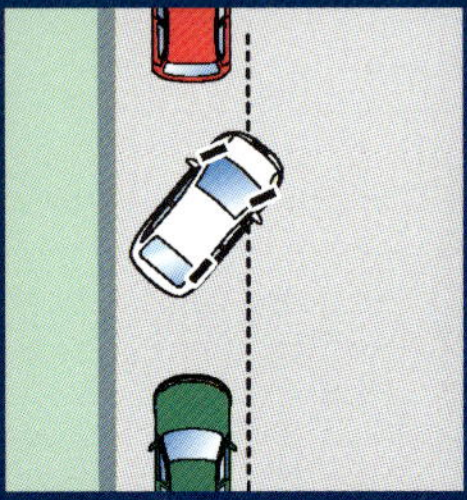

原因②
ハンドルをまっすぐにして後退するときに、ハンドルを右に回すのが遅かった。

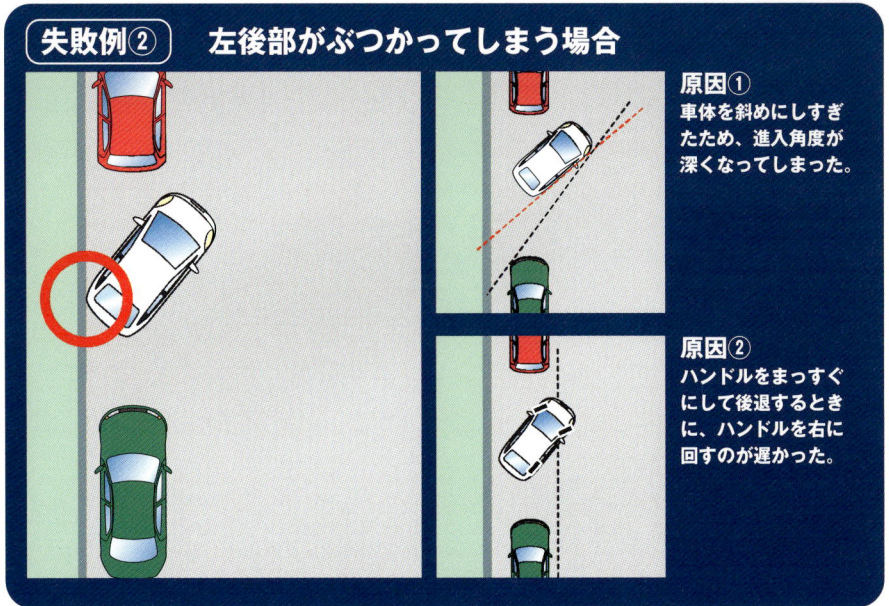

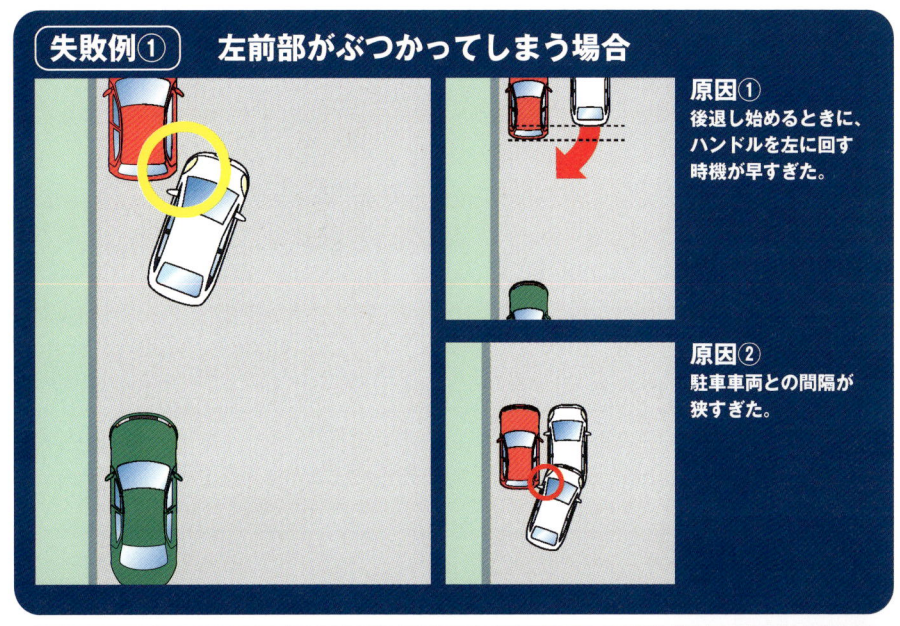

失敗例③ スペースに入りきれなかった

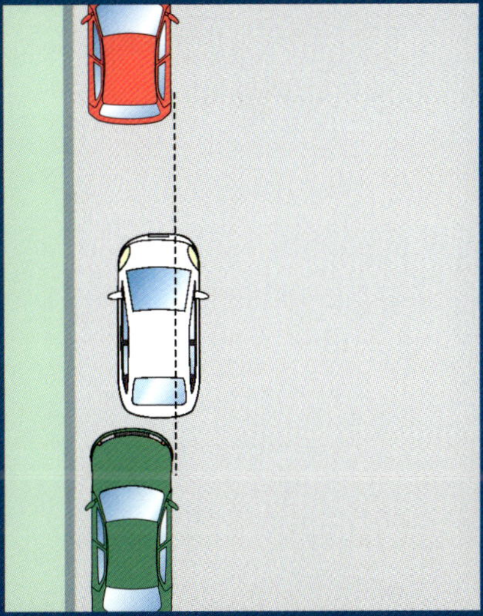

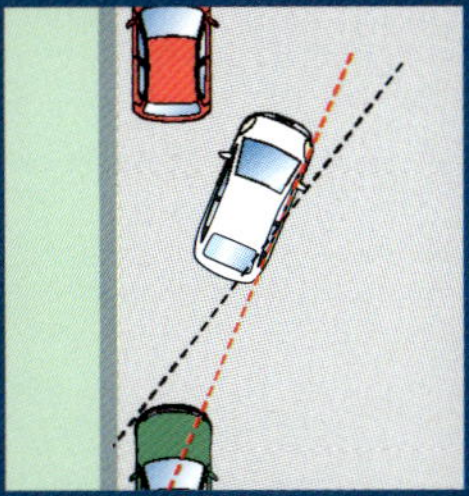

原因①
車体を斜めにしたときの角度が浅すぎた。

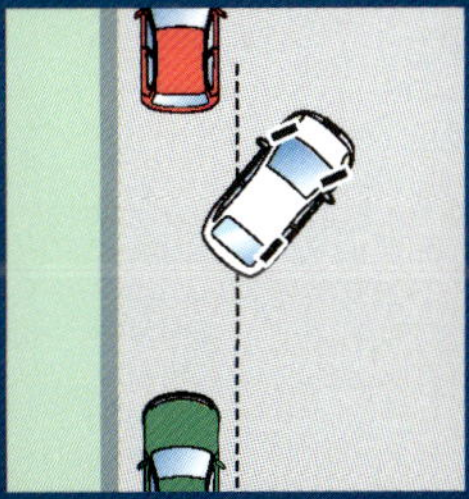

原因②
後輪が目標の位置に来る前にハンドルを右に回してしまった。

■失敗してしまっても…

以上のような失敗をしてしまったら、何が原因だったのかをよく考えて、失敗する前の状態に戻ってやり直そう。

正しい斜めの位置まで戻る。

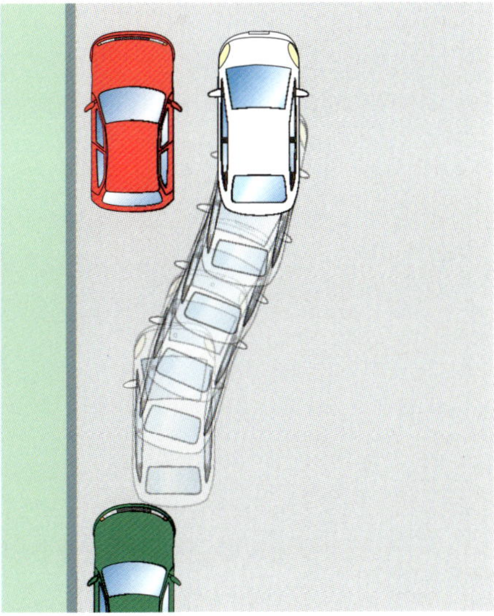

最初の位置まで戻る。

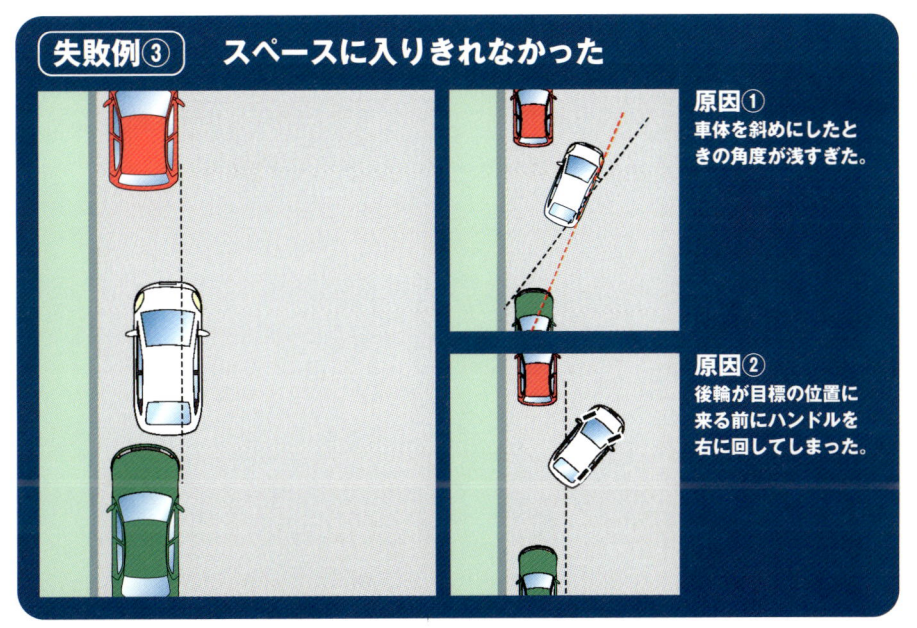

3 方向変換の手順（右バック）

chapter 21

方向変換は、直角にバックするテクニックを使って行う。この直角バックは、車庫入れのときにも使われる重要なテクニックだ。まずは右バックから学ぼう。

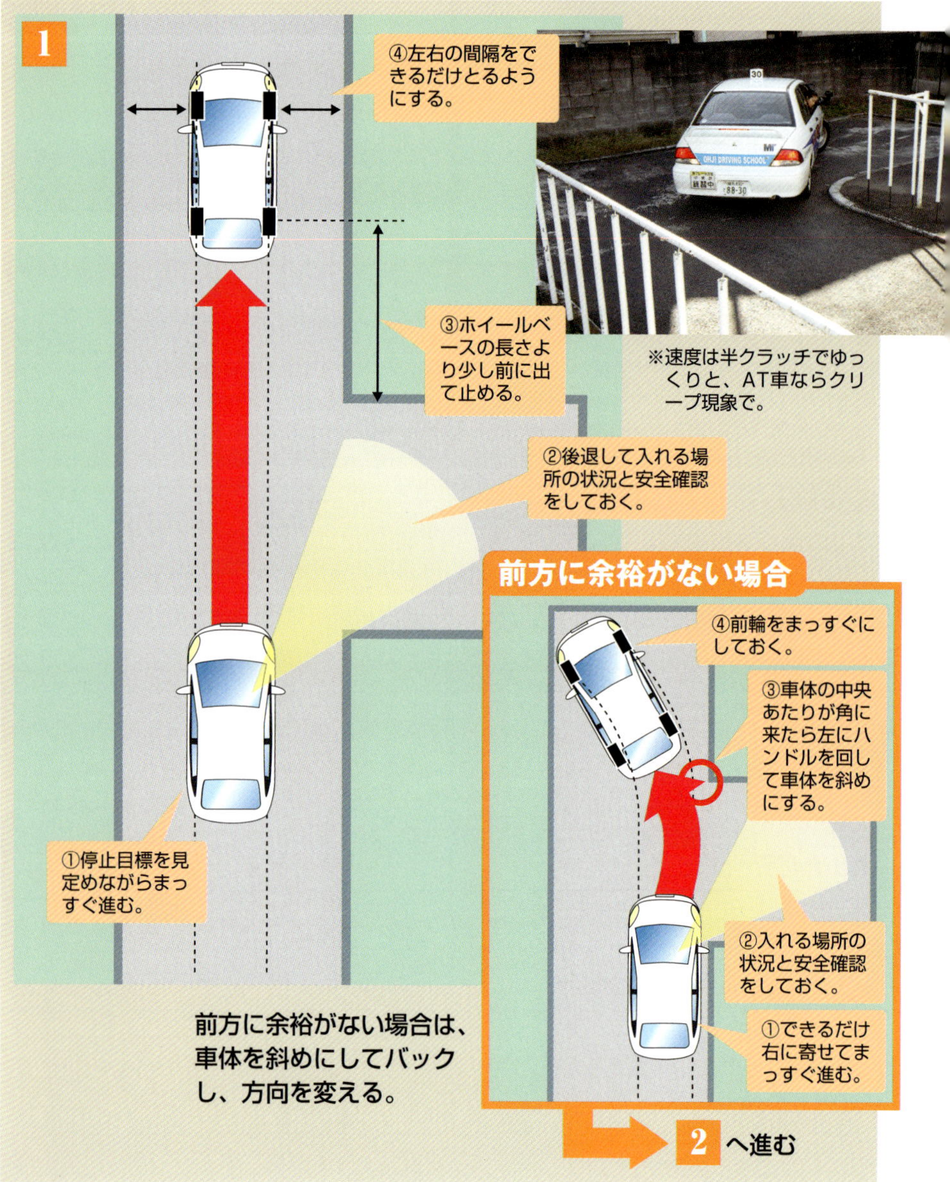
1
④左右の間隔をできるだけとるようにする。
③ホイールベースの長さより少し前に出て止める。
※速度は半クラッチでゆっくりと、AT車ならクリープ現象で。
②後退して入れる場所の状況と安全確認をしておく。
①停止目標を見定めながらまっすぐ進む。
前方に余裕がない場合
④前輪をまっすぐにしておく。
③車体の中央あたりが角に来たら左にハンドルを回して車体を斜めにする。
②入れる場所の状況と安全確認をしておく。
①できるだけ右に寄せてまっすぐ進む。
前方に余裕がない場合は、車体を斜めにしてバックし、方向を変える。
2 へ進む

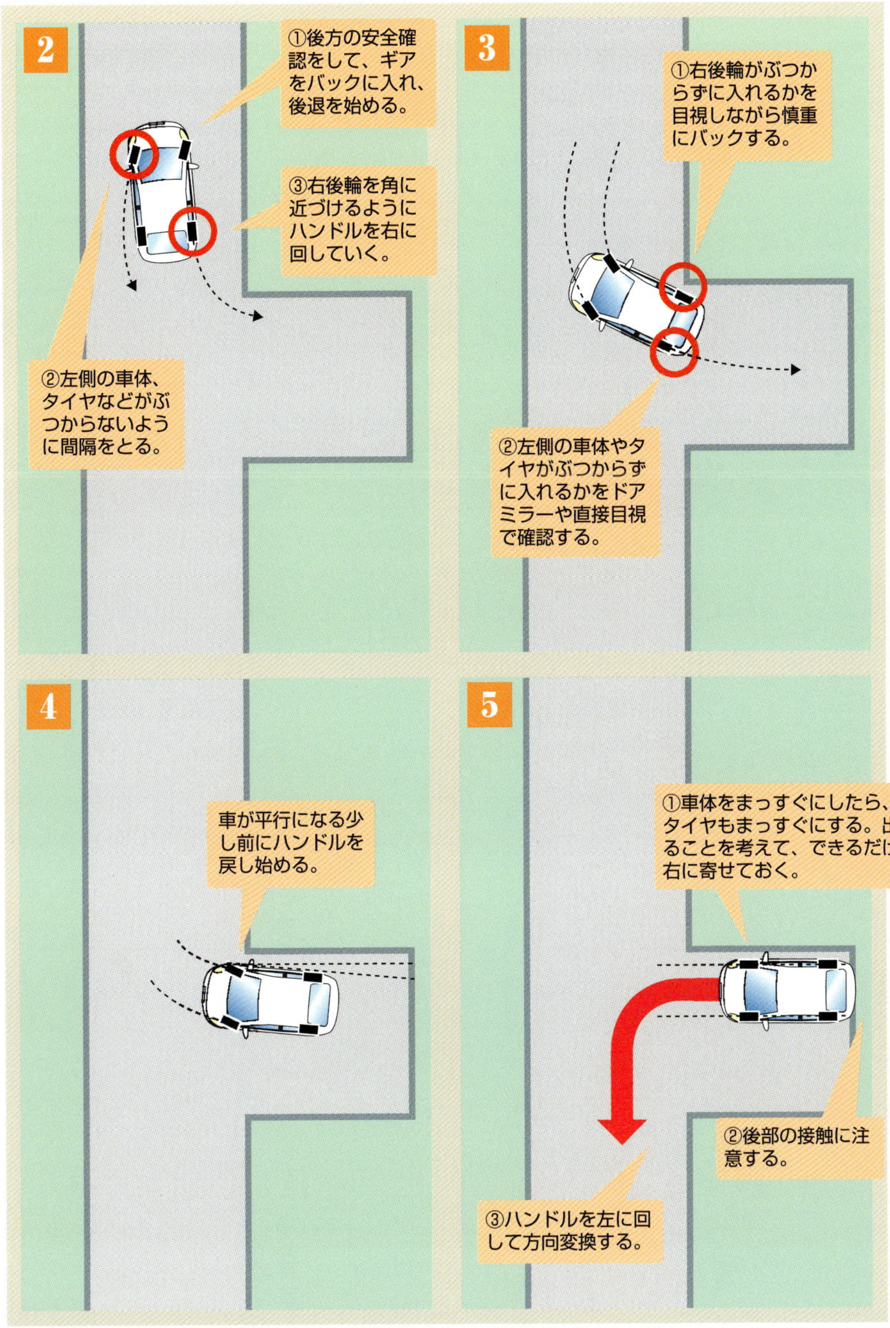
2
①後方の安全確認をして、ギアをバックに入れ、後退を始める。
③右後輪を角に近づけるようにハンドルを右に回していく。
②左側の車体、タイヤなどがぶつからないように間隔をとる。
3
①右後輪がぶつからずに入れるかを目視しながら慎重にバックする。
②左側の車体やタイヤがぶつからずに入れるかをドアミラーや直接目視で確認する。
4
車が平行になる少し前にハンドルを戻し始める。
5
①車体をまっすぐにしたら、タイヤもまっすぐにする。出ることを考えて、できるだけ右に寄せておく。
②後部の接触に注意する。
③ハンドルを左に回して方向変換する。

4 方向変換の手順（左バック） chapter 21

次は左バックによる方向変換。進行方向の路肩にある車庫に入れるなどの場合に必要となるテクニックだ。

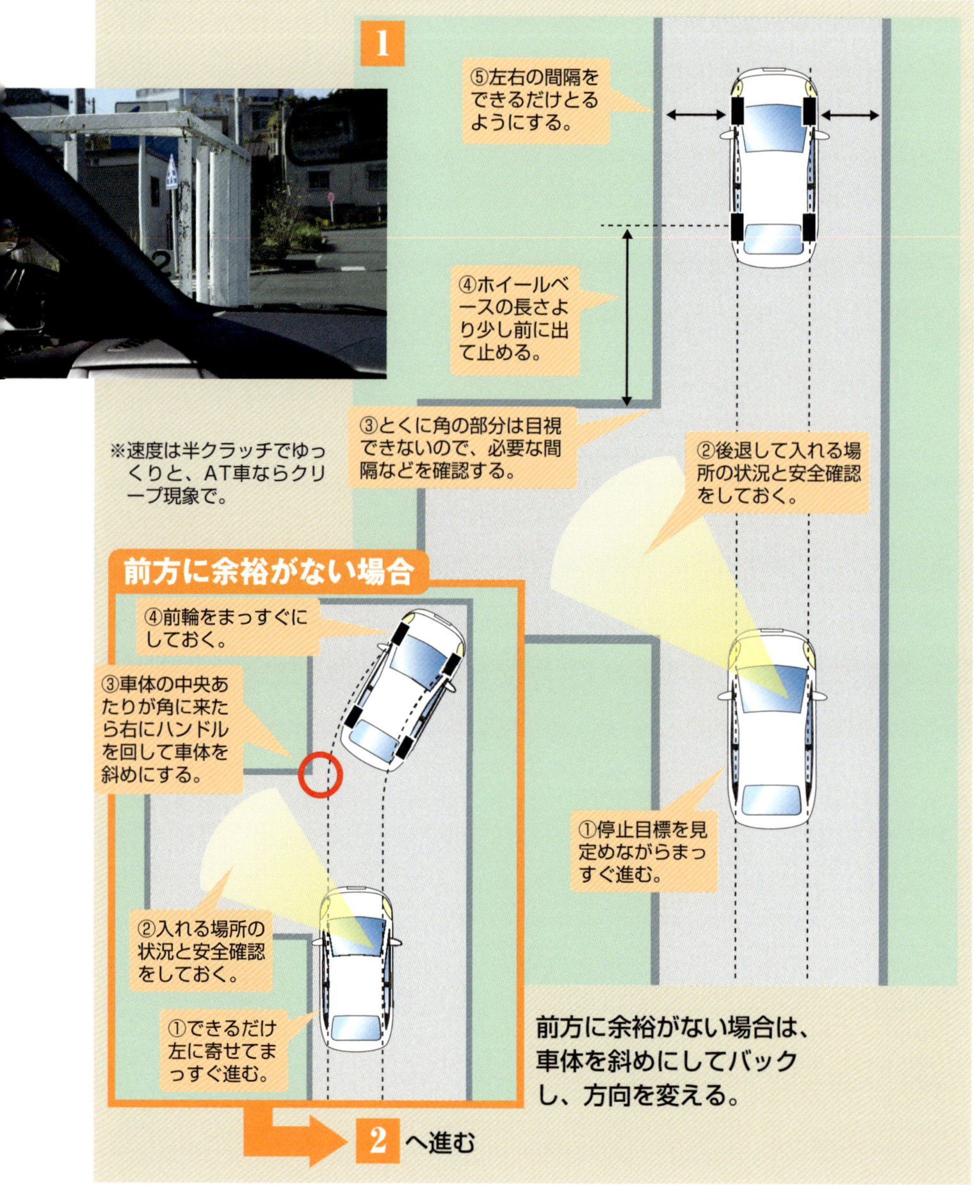
1
⑤左右の間隔をできるだけとるようにする。
④ホイールベースの長さより少し前に出て止める。
③とくに角の部分は目視できないので、必要な間隔などを確認する。
②後退して入れる場所の状況と安全確認をしておく。
①停止目標を見定めながらまっすぐ進む。
※速度は半クラッチでゆっくりと、AT車ならクリープ現象で。
前方に余裕がない場合
④前輪をまっすぐにしておく。
③車体の中央あたりが角に来たら右にハンドルを回して車体を斜めにする。
②入れる場所の状況と安全確認をしておく。
①できるだけ左に寄せてまっすぐ進む。
前方に余裕がない場合は、車体を斜めにしてバックし、方向を変える。
2 へ進む

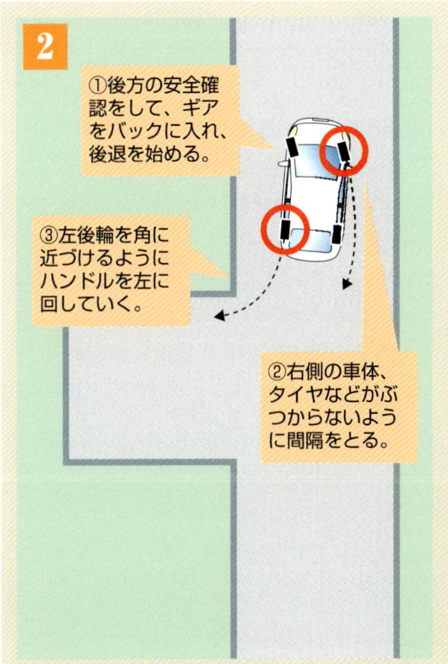
2
①後方の安全確認をして、ギアをバックに入れ、後退を始める。
③左後輪を角に近づけるようにハンドルを左に回していく。
②右側の車体、タイヤなどがぶつからないように間隔をとる。

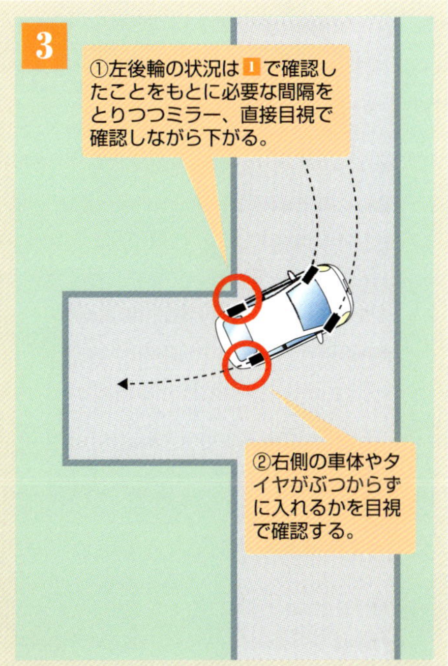
3
①左後輪の状況は1で確認したことをもとに必要な間隔をとりつつミラー、直接目視で確認しながら下がる。
②右側の車体やタイヤがぶつからずに入れるかを目視で確認する。

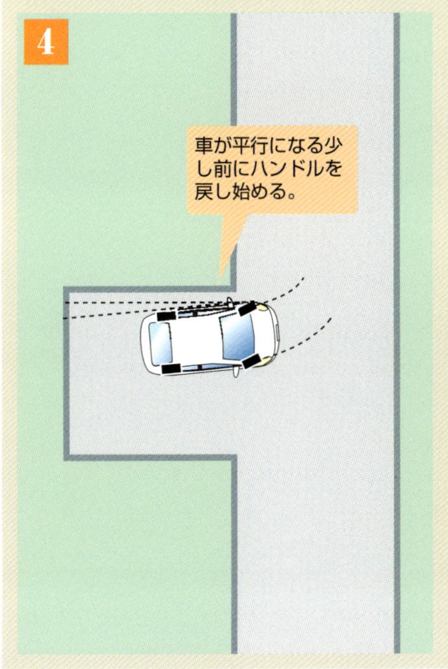
4
車が平行になる少し前にハンドルを戻し始める。

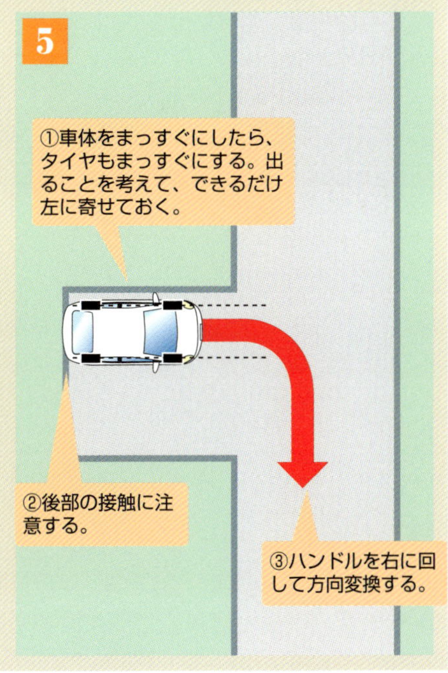
5
①車体をまっすぐにしたら、タイヤもまっすぐにする。出ることを考えて、できるだけ左に寄せておく。
②後部の接触に注意する。
③ハンドルを右に回して方向変換する。

5 幅寄せの方法

前後のスペースが限られた場所で車を移動させるには、幅寄せのテクニックが必要になる。

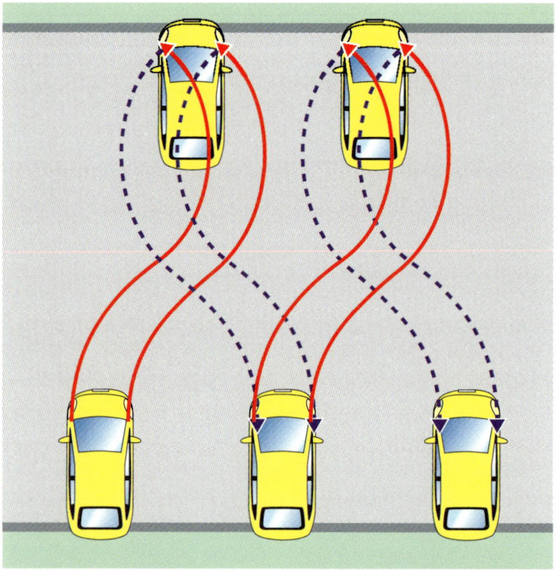

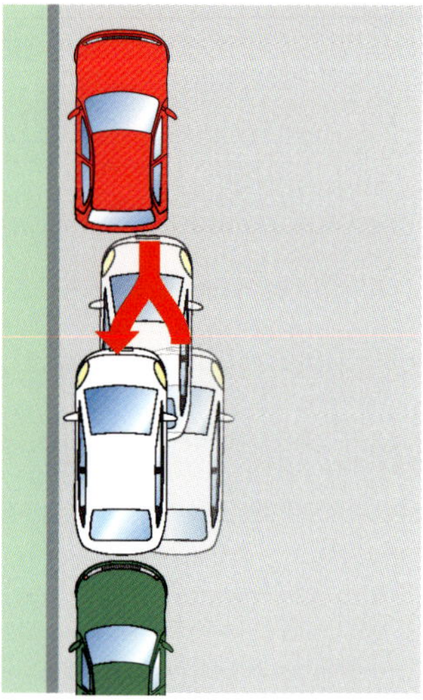

縦列駐車をした場合で、入りが浅かったときは幅寄せを行って、左に寄せる。

●前進で寄せる

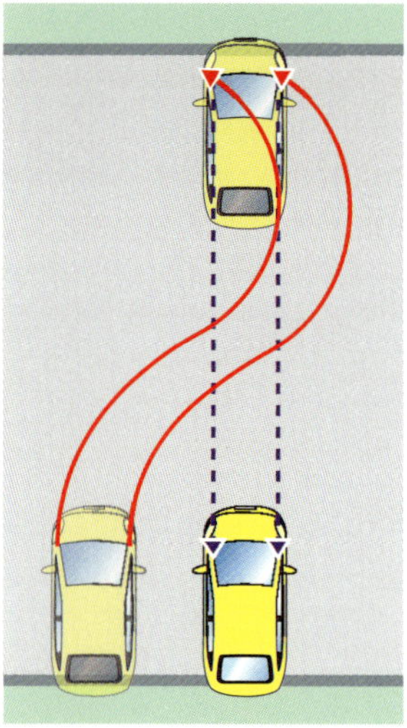

寄せやすいが、寄せ幅は大きくない。

●バックで寄せる

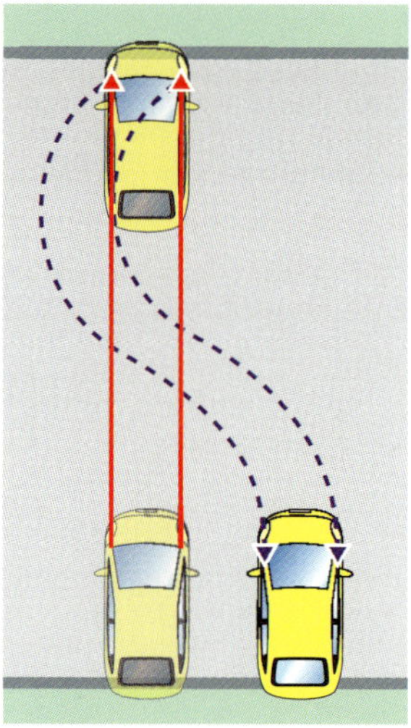

寄せ幅を大きくできるが、斜めになりやすい。

●前進とバックで寄せる

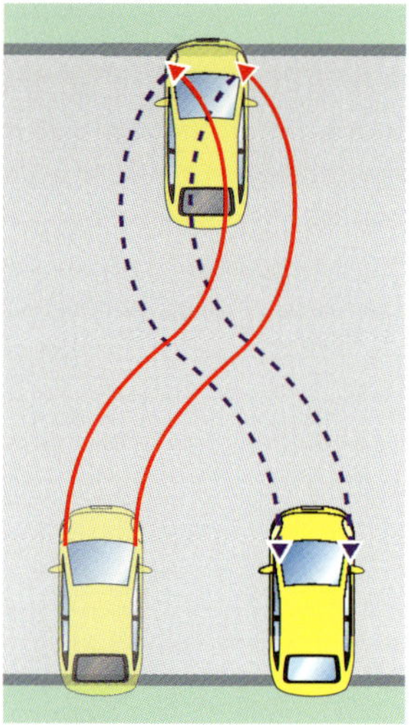

寄せ幅はもっとも大きいが、ハンドル操作が多い。

●幅寄せのハンドル操作

■前進で（右に）寄せる場合

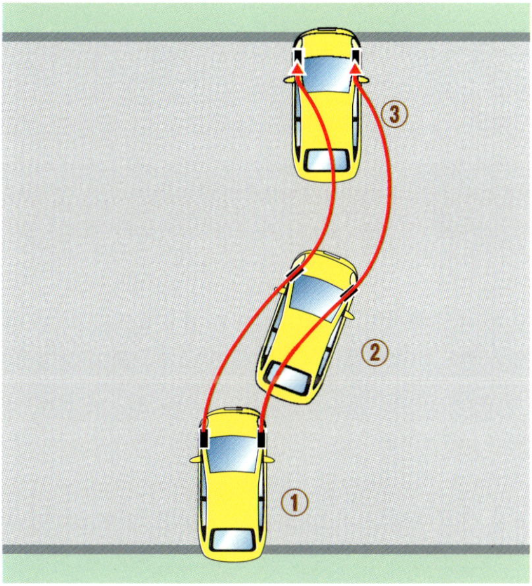

③車がまっすぐになったら、ハンドルを戻す。

②寄せたい位置まできたら、ハンドルを左いっぱいに切る。

①ハンドルを右いっぱいに切る。

■バックで（右に）寄せる場合

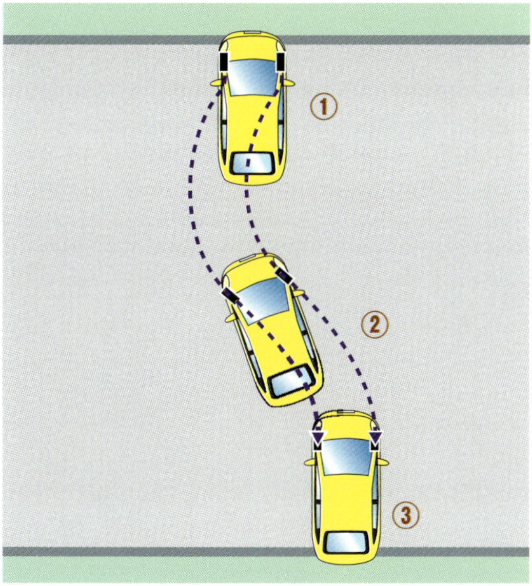

①ハンドルを右いっぱいに切る。

②寄せたい位置まできたら、ハンドルを左いっぱいに切る。

③車がまっすぐになったら、ハンドルを戻す。

MT AT

教習項目

11 急ブレーキ

●走行中に急ブレーキをかけることは非常に危険。本来ならば、急ブレーキを使うような運転は避けたいもの。
●危険を回避する場合など、やむを得ずという場面に備え、急ブレーキとはどういうものかを体験する。

1 急ブレーキ

●急ブレーキの体験

急ブレーキを踏むような状況になることは好ましくないが、実際に急ブレーキを踏まなければならない場面になったときに、この体験をしておくことで、少しでも大きな事故にならないようにすることを学ぶ。

●危険の回避の体験

走行中、道路上に障害物を発見したときのとっさの回避を体験する。危険を発見してから回避操作をするまでには数秒の時間がかかる。その難しさを実感するための教習。

●走行速度30km/hの場合の例

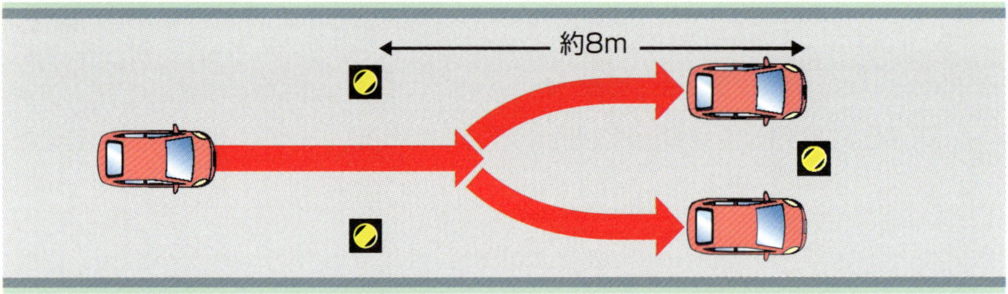

●走行速度40km/hの場合の例

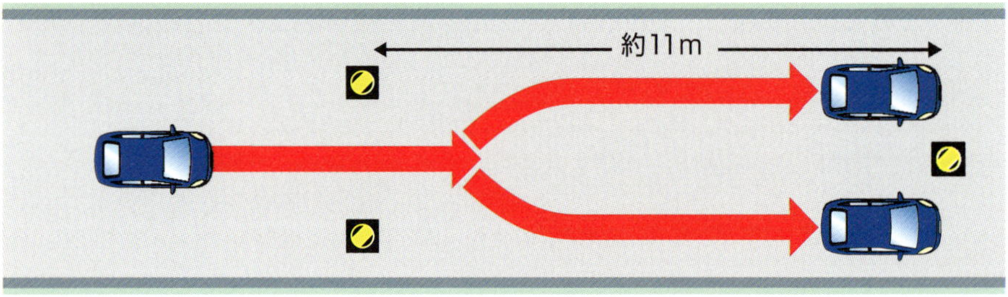

2 速度超過でのカーブ走行

●カーブ走行での危険性

カーブの手前での減速が不十分だと、曲がりきれなくなりかなり危険。カーブの曲がり具合に応じた速度で進入する。

同じカーブでも、遅い速度と速い速度では危険度にこんな違いが……

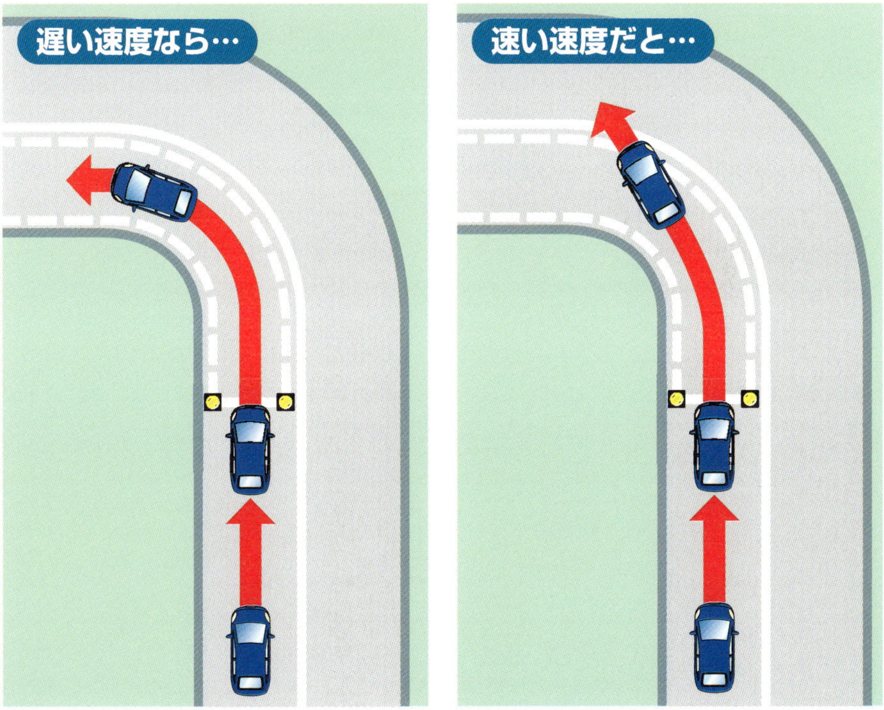

安定してカーブを曲がるには、カーブ手前で減速、曲がり終えるところから加速に移る。

MT AT

教習項目

12 自主経路設定

- 自主経路設定の教習目標は、自主的に目的地までの走行経路を設定し、他の交通に気配りをしながら主体的な運転ができることにある。
- 目標になるもの、交差点や信号の数などを事前に確認し、道路を間違えることなく目的地まで安全に運転する。

1 目的地までの経路設定

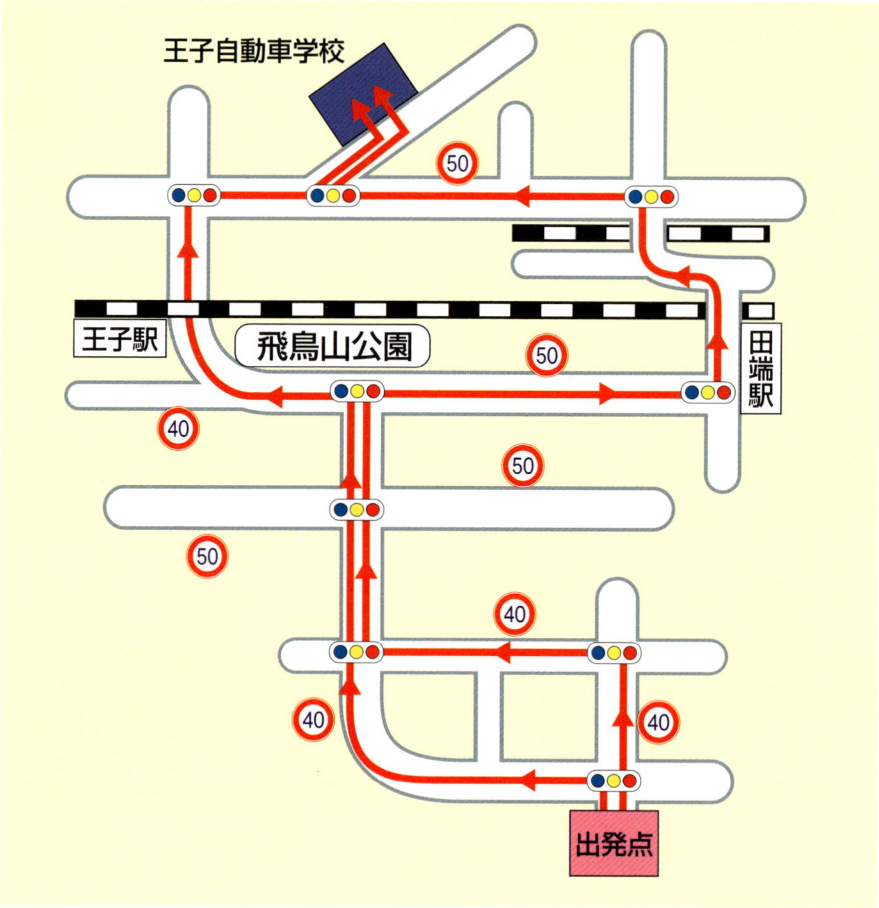

経路設定のポイントは交差点、信号の数や目標となるランドマークを覚えておくことである。

2 経路を間違えたとき

経路の間違いに気づいたら、安全な場所に車を停止させ、もう一度地図で経路を確かめる。

3 安全運転で目的地まで

ルートの間違いに気づいても、急な進路変更や急ブレーキは絶対してはいけない。もちろん、地図を見ながらの運転は非常に危険！　地図の確認は停車してから。

MT AT

教習項目 13 危険を予測した運転

●自分の車と他の交通との関わりにおいて起こりうる危険を的確に予測する。
●危険を回避する運転ができるようになる。
●危険の少ない運転とはどのような運転なのかを考えてみる。

1 危険予測の重要性

次のような場面での危険を予測した運転を考えてみよう。

交差点付近

交差点を右折しようとしています。どのような危険が予測できる？

ヒント

・対向車の陰はどうなっているかな？
・右の横断歩道の状況はどうなっているかな？

幹線道路

片側3車線の道路を走行しています。どのような危険が予測できる？

ヒント

・車間距離をあけていると他の車はどう動くかな？
・混雑した道路では二輪車はどんな動きをするかな？

道幅の狭い道路

道幅が狭い道路を走行しています。どのような危険が予測できる？

ヒント

・見通しの悪い路地ではどんなことに気をつけるかな？
・前方に停車中の車両の動きはどうなるかな？

2 起こりうる危険の予測（事例）

交差点・直進

●右折の合図を出している乗用車が曲がってくるかもしれない。

交差点・左折

●右折の合図を出している乗用車が曲がってくるかもしれない。
●左後方から自転車やバイクが直進してくるかもしれない。
●左から歩行者が横断歩道を渡ってくるかもしれない。

交差点・右折

●直進してくるワンボックス車の陰に直進や左折をする二輪車がいるかもしれない。

停車車両の側方を通過するとき

●トラックの向こうから他の作業員が出てくるかもしれない。

バスの側方を通過するとき

●バスの陰から車やバイクや歩行者が飛び出してくるかもしれない。

道路が渋滞しているとき

●車の間を縫って走る二輪車があるかもしれない。
●大型車の真後ろの場合、信号の変わり目などがわからないので、交差点の付近になったら、十分注意する。

自転車の動きにも気を配る

●自転車が蛇行して自車の前に出てくるかもしれない。

見通しの悪いカーブ

●カーブのすぐ先に停止車両などの障害物があるかもしれない。
●対向車がいきなり曲がってくるかもしれない。

降雨時の運転

雨で路面がすべりやすいので、車間距離を長めにとる。視界も悪いので速度も控えめに。

降雪時の運転

状況に応じて、スタッドレスタイヤやチェーンを使う。急ブレーキ、急ハンドルは非常に危険。減速はエンジンブレーキを効果的に使う。

夜間の運転

基本的に、日没後は前照灯をつけて走る。自車のライトの照らす範囲しか視界がないので昼間よりも速度を落とす。とくに雨天での夜間の走行は、ライトが反射するため非常に見づらくなる。

夜間の右左折では、ライトの照らす範囲によっては側方が見えにくいので注意する。
暗い道路では自車と対向車のライトに照らされた歩行者が見えなくなる状態（蒸発現象）が起きるので十分に注意する。
対向車のライトがまぶしい場合は、視線をやや左前方に移す。
見通しの悪い交差点などではパッシングで自車の存在を知らせる。

前照灯が照らす範囲

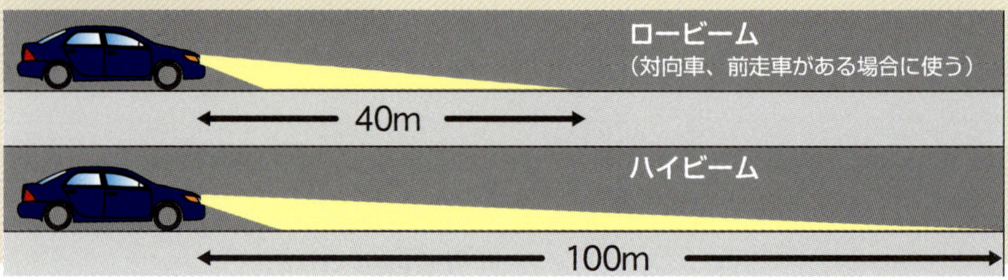
ロービーム
（対向車、前走車がある場合に使う）
40m
ハイビーム
100m

MT AT

教習項目 14

高速道路での運転

●一般道路と高速道路の違いを知る。
●高速道路において安全に運転ができるために高速走行の特性を知る。
●高速走行前の車両点検などをもう一度よく確認しておこう。

1 高速道路走行前の車両点検

高速道路を走行する前には、十分に点検をする。高速走行中の車の故障は大事故につながる。

高速道路でよくある故障

オーバーヒート
ガス欠（燃料切れ）
バッテリー上がり
タイヤのパンク、バースト

●とくに注意したい点検箇所

●燃料の量

燃料の量は十分か。

●冷却水の量

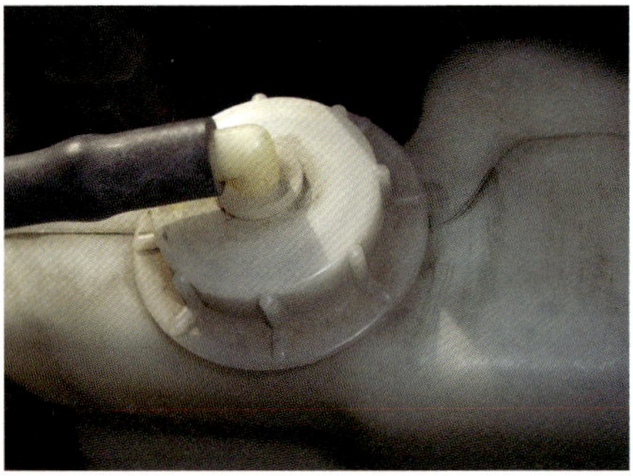

冷却水の量は十分か。水漏れがないか。

●ファンベルトの張り具合

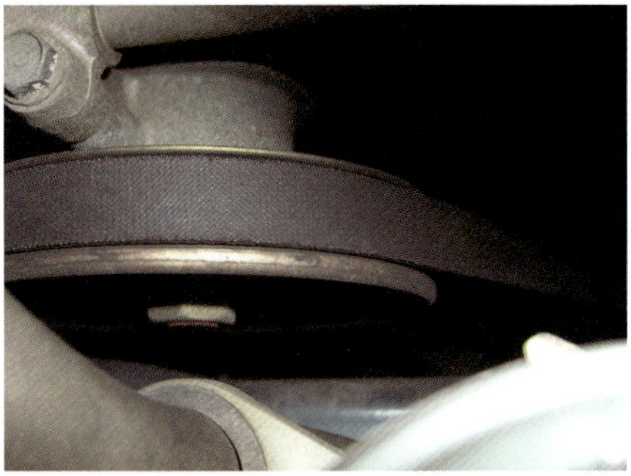

張り具合は適当か。損傷がないか。

●エンジンオイルの量

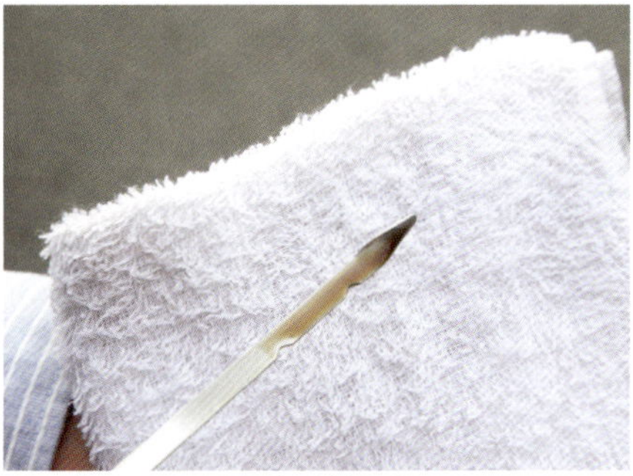

エンジンオイルの量は規定範囲内か。

●タイヤ（空気圧と溝の深さ）

空気圧は適当か。
溝の深さは十分か。
亀裂や損傷はないか。

携行品の確認

高速道路で事故や故障が起きたときに、後続車に知らせるための停止表示器材や発炎筒などを装備してあるかどうかも確認しておこう。

2 本線車道への進入

■インターチェンジ付近

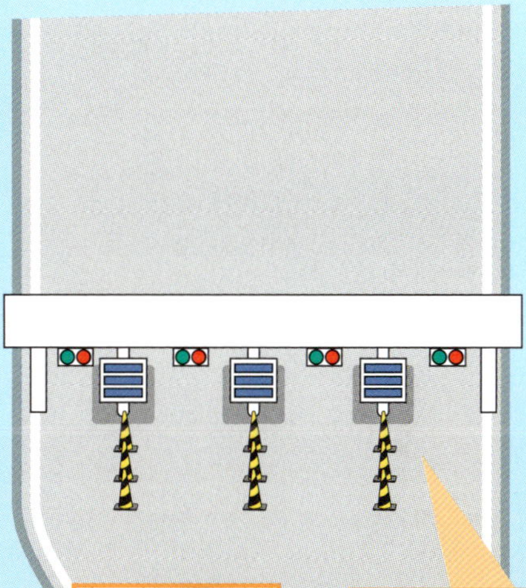

ETCを搭載している車の専用ゲートが設けられている場合もある。

高速道路への案内標識を見落とさない。

進路変更の基本を守って高速道の進入路へ向かう。

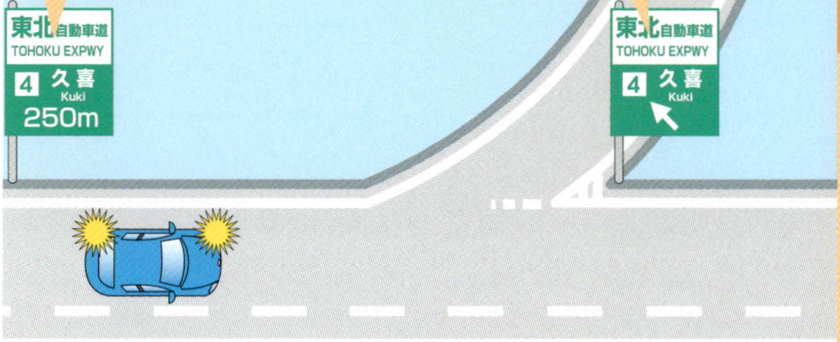

インターチェンジでは青のランプがついているゲートに進む。無理な進路変更はしないように、あらかじめ確認しておく。交通情報なども確認するとよい。

■ランプウェイ・加速車線から本線車道への合流

本線車道ではないのでスピードの出しすぎに注意！
決められた速度を守ること。

ランプウェイは急なカーブになっていることが多いので速度に注意する。

目的地への進入路をしっかり確認する。間違えて乗ったら戻ることができない。

加速車線
本線車道への合流の手順
②MT車は加速できるギアで、AT車はキックダウンで加速する。
③加速車線で十分に加速し、進入するタイミングをはかる。
①進入の合図を出す。
④安全を確かめながら、本車線へ合流する。
いきなり進入すると危険！
⑤合図を戻して流れに乗る。

3 本線車道での走行

■走行位置

車の流れに乗る

本線車道へ合流したら、車の流れを素早く判断し、その流れに合わせて走行することを心がける。前車に接近しすぎたり、後続車に追いつかれていないかなどに注意すること。

高速道路の走行では、前後だけでなく、左右の間隔もできるだけとるようにしたほうがよい。走行車線では、右側の車線を走る車との安全な間隔を保つため、車線内のやや左側を走行するようにすること。

視線を遠くにおく
とふらつかない。
走行車線
走行車線
追い越し車線

インターチェンジ付近では、他車の合流に注意する。右側の車線があいている場合は進路変更をしておくのもよい。

登坂車線
SLOWER TRAFFIC

こう配のある坂道などでは、スピードの遅い車用に「登坂車線」を設けてあるので、利用するとよい。

■速度維持と車間距離

万が一、前車が事故などを起こしたときに、適切な車間距離をとっていないとそれを回避することができない。高速道路では一般道よりも速度が出ている分、長くとっておく必要がある。白い破線などを目安にするとよい。

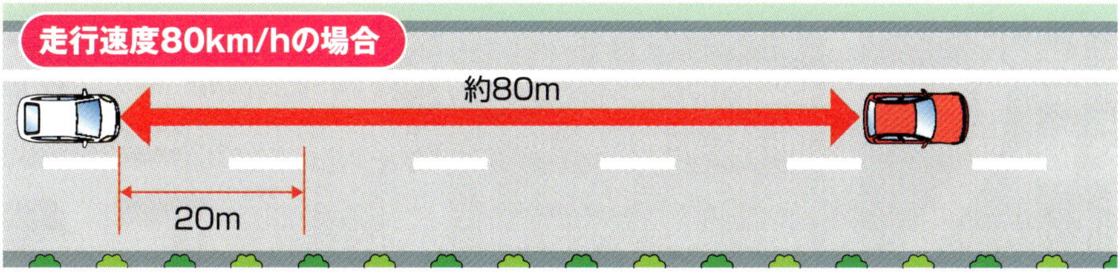
走行速度80km/hの場合
約80m
20m

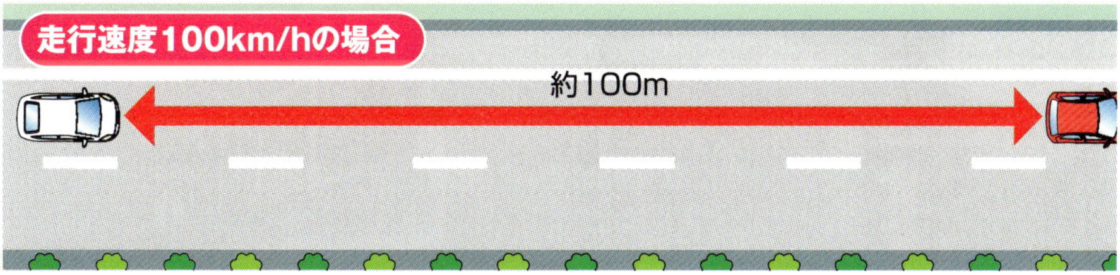
走行速度100km/hの場合
約100m

車間距離確認区間では、適切な車間距離がとれているかを確かめよう。

0m
確認基点
50m
100m
132

車の流れを考えた速度の維持

高速道路では、交通の流れに合った速度で走行することが大切。スピードを出しすぎたり、逆に遅すぎたりすると、他車の迷惑になるだけでなく、大事故につながりかねない。適切な車間距離をとって、走行することを心がけよう。

■追い越しのための車線変更

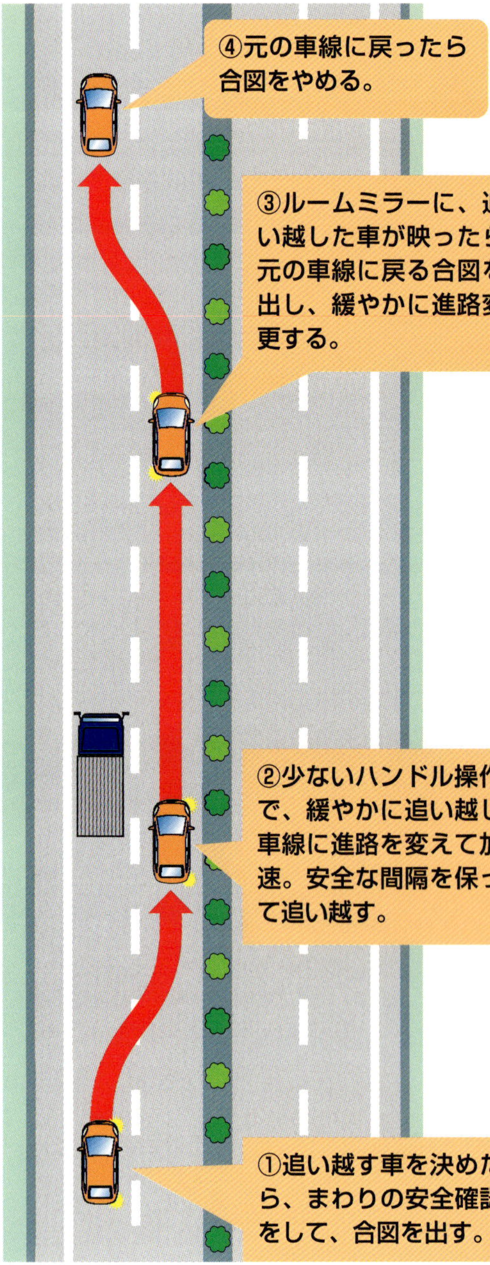
④元の車線に戻ったら合図をやめる。
③ルームミラーに、追い越した車が映ったら元の車線に戻る合図を出し、緩やかに進路変更する。
②少ないハンドル操作で、緩やかに追い越し車線に進路を変えて加速。安全な間隔を保って追い越す。
①追い越す車を決めたら、まわりの安全確認をして、合図を出す。

■その他の注意事項

横風

●風速の目安
水平
風速7m/秒以上
約45度
風速5m/秒
約30度
風速3～4m/秒

トンネルの出口などは、横風の影響を強く受けるので、しっかりとハンドルを握っておくこと。

下り坂

高速道路には緩やかな下り坂が続く区間もあり、坂のこう配をあまり感じないこともあるので、ときどき速度の確認をする。

雨天

視界が悪く、路面がすべりやすいので車間距離を長めにとり速度を落として走行する。

4 本線車道からの離脱

■本線車道から減速車線に移る

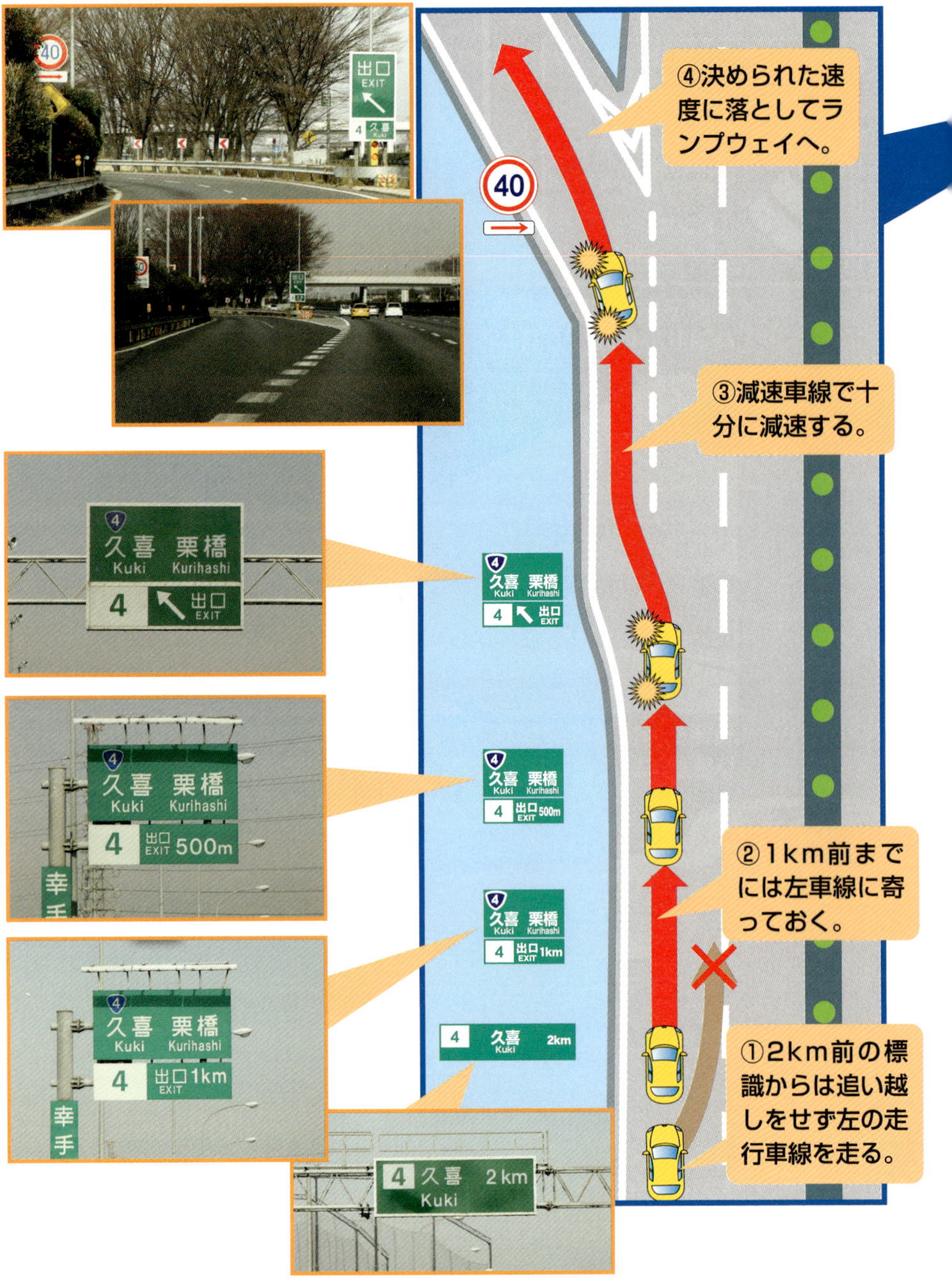

■ランプウェイから一般道路へ

40
こう配があり、急カーブも多いので速度に注意。
合流地点では他の車の動きに注意！
ETC専用
一般
青ランプのブースへ進む。
一般道の制限速度で走行する。
一般道の案内標識を確認。

5 高速道路の標識

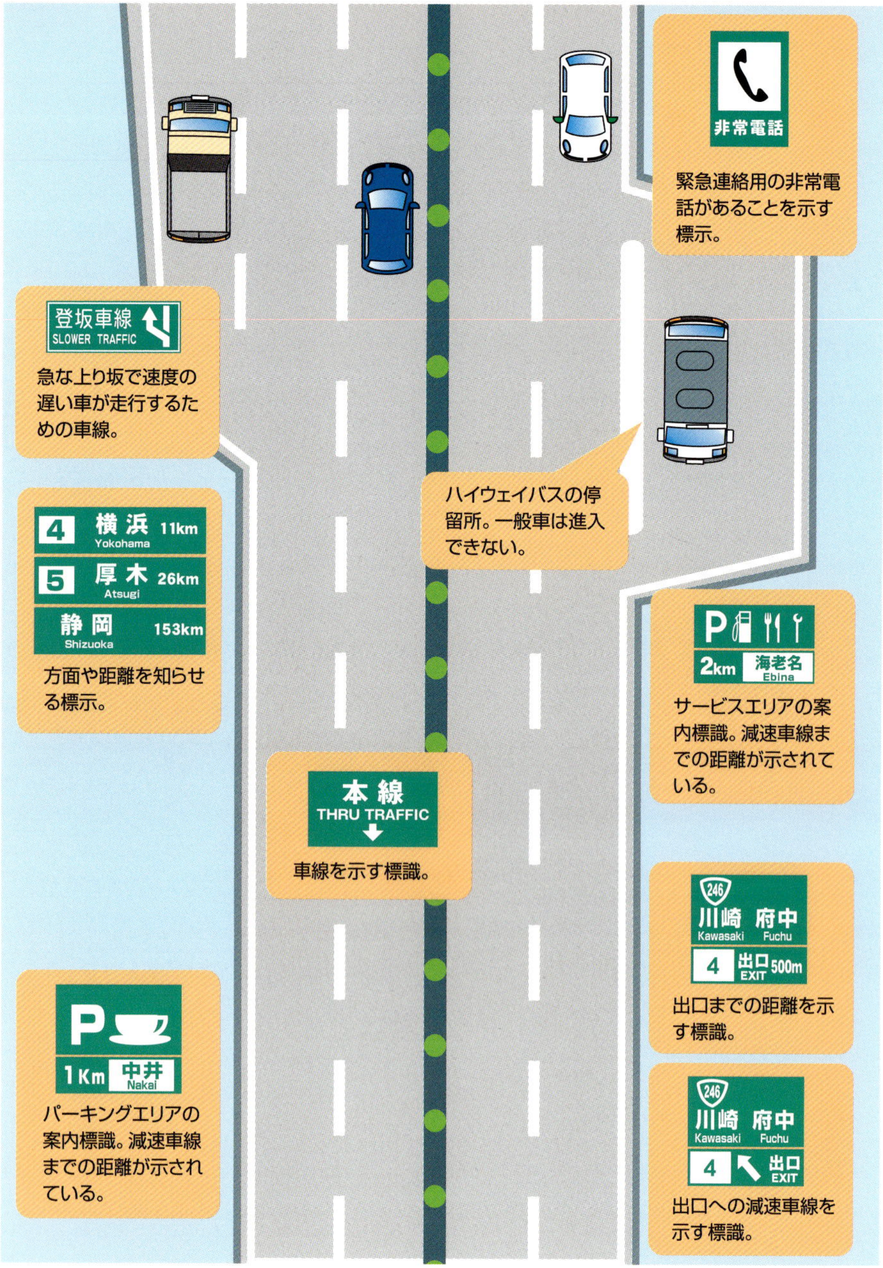
非常電話
緊急連絡用の非常電話があることを示す標示。
登坂車線
SLOWER TRAFFIC
急な上り坂で速度の遅い車が走行するための車線。
ハイウェイバスの停留所。一般車は進入できない。
4 横浜 Yokohama 11km
5 厚木 Atsugi 26km
静岡 Shizuoka 153km
方面や距離を知らせる標示。
P
2km 海老名 Ebina
サービスエリアの案内標識。減速車線までの距離が示されている。
本線
THRU TRAFFIC
車線を示す標識。
246
川崎 Kawasaki 府中 Fuchu
4 出口 EXIT 500m
出口までの距離を示す標識。
P
1Km 中井 Nakai
パーキングエリアの案内標識。減速車線までの距離が示されている。
246
川崎 Kawasaki 府中 Fuchu
4 出口 EXIT
出口への減速車線を示す標識。

パーキングエリア (P.A.)

約15kmごとにあるパーキングエリア。売店やトイレなどがある。

サービスエリア (S.A.)

約50kmごとにあるサービスエリア。パーキングエリアよりも広く、トイレ、売店だけでなく、ガソリンスタンドやレストラン、仮眠室、シャワー室、温泉などがあるところもある。

ガソリンスタンド (G.S.)

高速道路のガソリンスタンドはサービスエリアに隣接している。燃費のいい高速走行とはいえ、ガス欠を防ぐためにも早めに給油しておきたい。

MT AT

教習項目

15 特別項目

●地域特性などから見た、必要性の高い運転技能を修得する。
●山道での運転、雪道での運転などについて学ぶ。

1 山道

下り坂は中・低速ギアで

坂のこう配やカーブの大きさに応じて低いギアを選択する(AT車では 3 か 2)。

標識をよく見て危険を予測する

右(左)つづら折あり。

落石のおそれあり。

見通しの悪いカーブ

山道では見通しの悪いカーブが連続する。カーブ手前で十分に減速して進入する。

車間距離を長めにとる

平地に比較すると、下り坂でのブレーキは制動距離が長くなるので、車間距離を長めにとる。

フットブレーキを多用しない

下り坂では、エンジンブレーキで速度を落とす。できるだけフットブレーキを踏まないこと。フットブレーキに頼りすぎると、ブレーキが効かなくなる現象（69ページ参照）が起きて危険だ。

2 雪道

平地

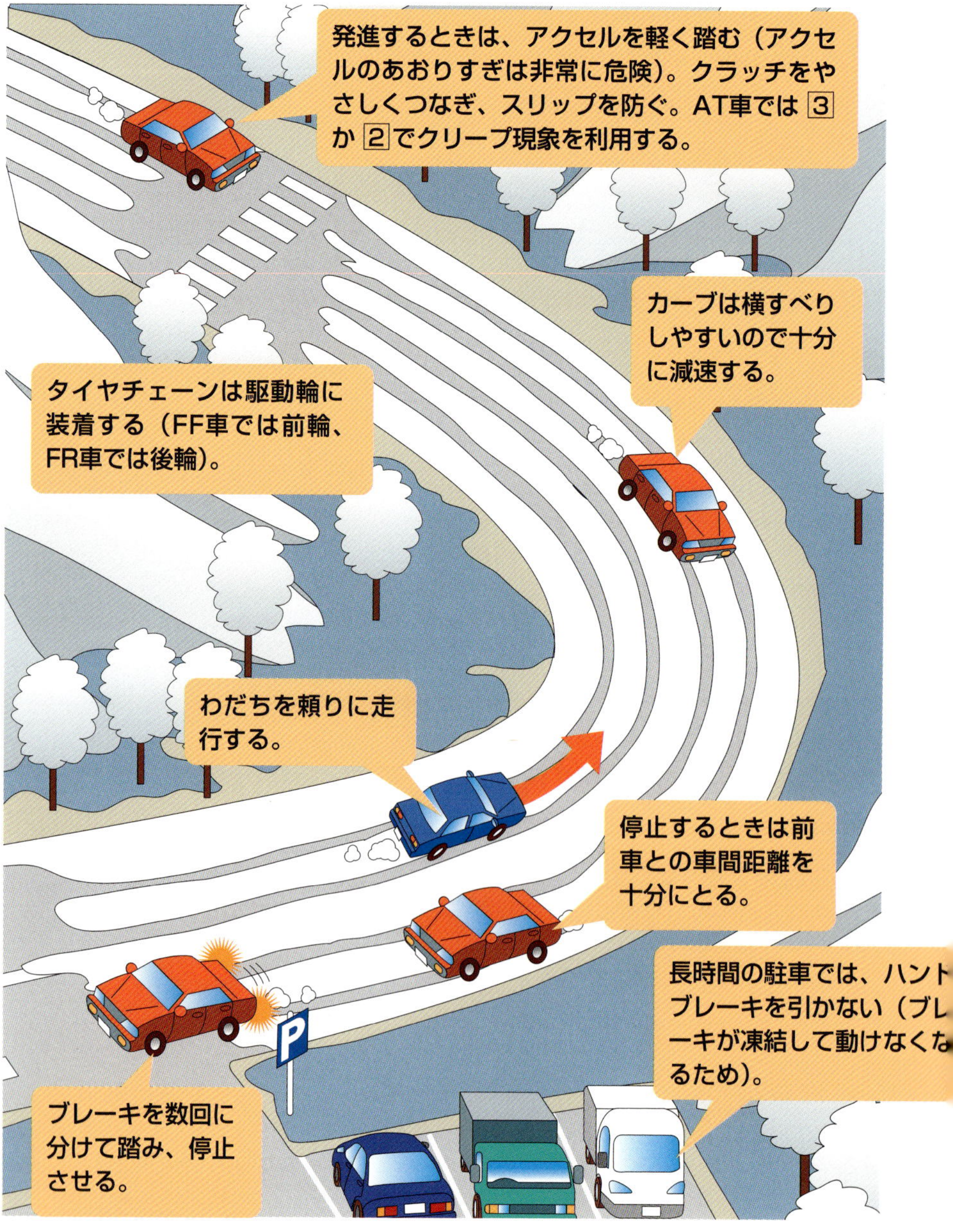
発進するときは、アクセルを軽く踏む（アクセルのあおりすぎは非常に危険）。クラッチをやさしくつなぎ、スリップを防ぐ。AT車では [3] か [2] でクリープ現象を利用する。
カーブは横すべりしやすいので十分に減速する。
タイヤチェーンは駆動輪に装着する（FF車では前輪、FR車では後輪）。
わだちを頼りに走行する。
停止するときは前車との車間距離を十分にとる。
長時間の駐車では、ハンドブレーキを引かない（ブレーキが凍結して動けなくなるため）。
ブレーキを数回に分けて踏み、停止させる。
P

坂道

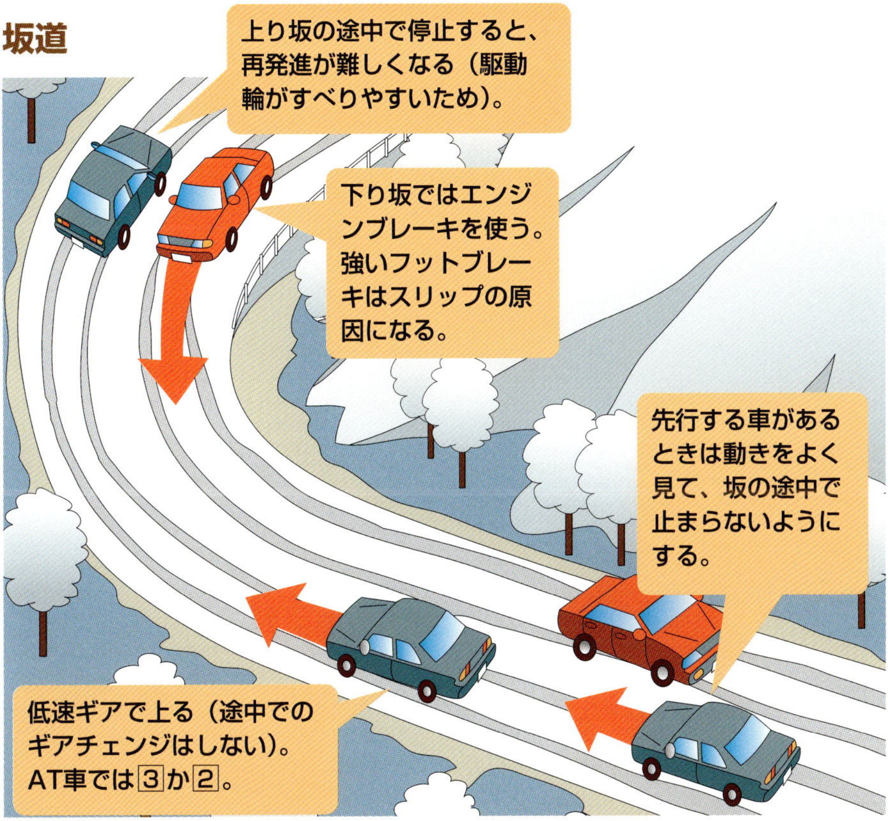
上り坂の途中で停止すると、再発進が難しくなる（駆動輪がすべりやすいため）。
下り坂ではエンジンブレーキを使う。強いフットブレーキはスリップの原因になる。
先行する車があるときは動きをよく見て、坂の途中で止まらないようにする。
低速ギアで上る（途中でのギアチェンジはしない）。AT車では[3]か[2]。

3 都市高速道路などでの運転

都市高速道路の運転は基本的に高速道路の運転と同じだが、「道幅が狭い」「右側合流や右側離脱がある」「制限速度が場所によって異なる」「カーブが多い」「ルート変更がめまぐるしい」などの特徴がある。事前に地図などでルートを調べ、確認しておくことが大切になる。

銀座 5
Ginza
渋谷 C1 1 4 3
Shibuya
5 大宮
Omiya
S1 東北道
S5 TOHOKU EXPWY
ETC 一般

60

MT AT

教習項目 16

教習効果の確認（みきわめ）

これで教習は終了。場内教習で習った基本をベースにして、路上で他の交通の安全に気を配りながら、安全な運転ができるようになろう。

「交通法規に従った安全な路上走行ができるようになったか」の技能検定が行われる。ここをパスして、学科試験に合格すれば運転免許証が交付される。

普通自動車免許を取得するまで

普通自動車免許を取得するには、

①指定自動車教習所を卒業し、公安委員会の学科試験や適性試験に合格する
②運転免許試験場で技能試験および学科試験に合格する

上記の①or②の要件をクリアしなければなりません。

②のように試験場に出向いて、技能試験と学科試験にパスすれば免許を取得することができますが、技能・学科ともに余程の実力者でない限り一発合格はかなり難しいでしょう。

やはり、おすすめは①です。指定自動車教習所に入所して卒業すれば、技能試験が免除されるので試験場で技能試験を受ける必要がありません。卒業後に学科試験に合格すれば免許証を手にすることができます。

※卒業証明書の有効期限は卒業した日から1年間です。有効期限内に学科試験を受けて合格しなければ、免許証を取得することができなくなります。

受験ガイド

注意：受験ガイドの情報は変更される場合があります。受験される方は、事前に必ず免許試験場に確認してください。

1　受験する場所

住所地を管轄する運転免許試験場（運転免許センター等）に受験申請をして、試験を受けます。

2　受験できない人

次の①～⑤のいずれかに該当する人は、普通自動車免許の取得試験を受験することができません。

①年齢が満18歳に達しない人
②免許を拒否された日から起算して、指定された期間を経過していない人
③免許を保留されている人
④免許を取り消された日から起算して、指定された期間を経過していない人
⑤免許の効力が停止または仮停止されている人

3　受験に必要な書類等

①住民票の写しまたは免許証

はじめて免許証を受ける人は住民票、すでに原付免許等の免許証を受けている人は、その免許証を提出します。

②運転免許申請書

運転免許試験場の窓口にあります。

③証明写真

縦30ミリ×横24ミリのサイズ。カラー、白黒どちらも可。6カ月以内に無帽・無背景・胸上正面から撮影したもの。写真の裏に氏名・撮影年月日を記入しておきます。

④受験料

受験手数料、免許証交付手数料として、通常は収入印紙で納付します。
一般受験者と教習所卒業者とでは料金が異なるので、窓口で確認しましょう。

⑤卒業証明書

指定自動車教習所を卒業した人は提出します（技能試験が免除になります）。

4　適性試験

①視力検査

両眼で0.7以上、かつ一眼でそれぞれ0.3以上あること。
一眼の視力が0.3に満たない、もしくは一眼が見えない人については、他眼の視力が0.7以上で視野が左右150度以上あれば受験できます。

※コンタクトレンズおよび眼鏡使用可です。

②色彩識別能力検査

赤・青・黄の色の見分けができること。

③聴力検査

10mの距離で90デシベルの警音器の音が聴こえること。

④運動能力検査

車の運転操作にとくに支障がなければ問題ありません。義手や義足の使用もできます。

5　学科試験

交通ルール、安全運転の知識、自動車の構造などについて出題されます。
制限時間：50分
出題内容：文章問題90問（各1点）／イラスト問題5問（各2点）
合格基準：100点満点中、90点以上で合格になります。

●監　修　東京都公安委員会指定（実地試験免除）　王子自動車学校

警視庁発表の卒業生無事故率では都内トップクラスを誇る。JR・東京メトロ南北線王子駅より徒歩10分。都心からのアクセスがよく、仕事帰りでも楽に通学できる自動車学校。46年の歴史で培われた安全運転教育には定評があり、選び抜かれた（入社試験による）ベテランインストラクターがていねいな指導で確かな運転技術をサポートしてくれる。普通自動車のほか、普通二輪、普通二種免許の教習も。また、ペーパードライバー教習、企業者安全運転教育、高齢者講習といった各種講習も実施している。

〒114-0004　東京都北区堀船2-13-28
TEL 03-3913-7521　FAX 03-3913-7523
http://www.ohji-ds.com

本文デザイン　高橋デザイン事務所
ＤＴＰ　原田あらた
イラスト　ケンオオハシ／くぼゆきお
撮　影　前川健彦
編集協力　パケット／房野和由
DVD制作　中村憲一／中録サービス
企画・編集　成美堂出版編集部（原田洋介）

DVD付 現役教官が教える 普通免許 合格テクニック

監　修　王《おう》子《じ》自《じ》動《どう》車《しゃ》学《がっ》校《こう》
発行者　深見悦司
発行所　成美堂出版
〒162-8445　東京都新宿区新小川町1-7
電話(03)5206-8151　FAX(03)5206-8159
印　刷　広研印刷株式会社

ISBN978-4-415-30110-5
落丁･乱丁などの不良本はお取り替えします
価格はカバーに表示してあります